Kompaktkurs Analysis

Mario H. Kraus · Stefan Wagner

Kompaktkurs Analysis

Herleitung – Anwendung – Vertiefung

Mario H. Kraus
Berlin, Deutschland

Stefan Wagner
Berlin, Deutschland

ISBN 978-3-662-72382-1   ISBN 978-3-662-72383-8 (eBook)
https://doi.org/10.1007/978-3-662-72383-8

Die Deutsche Nationalbibliothek verzeichnet diese Publikation in der Deutschen Nationalbibliografie; detaillierte bibliografische Daten sind im Internet über https://portal.dnb.de abrufbar.

Springer Spektrum ist ein Imprint der eingetragenen Gesellschaft Springer-Verlag GmbH, DE und ist ein Teil von Springer Nature.
Die Anschrift der Gesellschaft ist: Heidelberger Platz 3, 14197 Berlin, Germany

Wenn Sie dieses Produkt entsorgen, geben Sie das Papier bitte zum Recycling.

Vorwort

Der erste Entwurf für dieses Kurzlehrbuch entstand 2021. Doch da der eine von uns im Schuldienst tätig ist (wo die Arbeit nie wirklich endet) und der andere einen Arbeitsplan hat, der mittlerweile über 2030 hinausreicht, dauern solche Dinge ihre Zeit – ganz abgesehen von der Corona-Pandemie (deren Aufarbeitung nun endlich begonnen hat). Und weil das Ganze im wirklichen Leben spielte und nicht im Netz, gab es in der Zwischenzeit noch etliche familiär, gesundheitlich oder anderweitig bedingte Verzögerungen …

Das Buch zu schreiben, war uns trotzdem ein Bedürfnis. Die Gründe dafür ergeben sich einerseits aus dem Zustand des Bildungswesens und der Lage am Arbeitsmarkt; Fachkräftemangel und Wettbewerbsfähigkeit sind zwei der einschlägigen Stichworte. Andererseits macht es schlicht Freude, sich mit Mathematik zu befassen.

Dass seit mehr als 300 Jahren Bücher über das hier umrissene Fachgebiet erscheinen, heißt nicht, dass nichts mehr darüber geschrieben werden sollte: Es gibt verschiedene Arten, sich den Dingen zu nähern; Bedarf und Aufgaben wandeln sich mit der Zeit. Und Wissen entsteht bereits, wenn Bekanntes anders als bisher geordnet und maßvoll mit Neuem angereichert wird. Zudem verliert sich Erlerntes ohne Üben und Anwenden. Mathematik war für die Altvorderen einst ein Teil ihrer jeweiligen Philosophie; dieser Zusammenhang schwand größtenteils im 19. Jahrhundert. Jetztmenschen sollte zumindest bewusst sein, dass es nach wie vor einen Zusammenhang von Mathematik und Kreativität gibt: Mathematik hilft, Herausforderungen zu bewältigen, und dies mit verschiedenen Mitteln, die alle miteinander verbunden sind. Es sind reine Geistesleistungen, die aber viel bewirken können.

Eine wesentliche Herausforderung bestand in der Kürze: Mehr als 120 Abbildungen kamen schnell zusammen; viele spannende Querverbindungen mussten zwangsläufig vernachlässigt werden. Wir sind dankbar für alle Hinweise zur Ergänzung und Verbesserung.

Der Springer-Gruppe, insbesondere Iris Ruhmann, Nikoo Azarm, Veronika Erdmann und Jeevitha Juttu, danken wir für die Gelegenheit, das Vorhaben umzusetzen.

Berlin, Deutschland
im Sommer 2025

Dr. Mario H. Kraus
Stefan Wagner

Interessenkonflikt

Die Autor*innen haben keine für den Inhalt dieses Manuskripts relevanten Interessenkonflikte.

Über dieses Buch

Dieser Kompaktkurs *Analysis* wurde vor allem für die Begabungsförderung entworfen. Er schließt die Lücke zwischen den Lehrbüchern für die Schule und denen für die Hochschule. Mit zahlreichen Abbildungen und Beispielen, Hintergründen und Querverbindungen werden *Differenziation* und *Integration* fachübergreifend dargestellt.

Inhaltsverzeichnis

1   Einführung.   1

2   Entstehung eines Fachgebiets   5

3   Zahlen und Größen, Folgen und Reihen: Grundlagen 15

4   Ausdehnungen und Darstellungen. 25

5   Die Null, das Nichts und das sehr Kleine: Teilungen. 33

6   Beziehungen und Zusammenhänge. 41

7   Differentiation – Herleitung und Rechenregeln. 53

8   Integration – Herleitung und Rechenregeln. 73

9   Potenzfunktionen: Lineare, quadratische, kubische Funktionen. . . . 87

10 Exponential- und Logarithmusfunktionen. 97

11 Trigonometrische Funktionen 105

12 Kreis und Kugel 109

13 Anwendungen, Beispiele, Übungen. 119

14 Analysis in Binärcodierung 133

Nachwort 145

Über den Verfasser

Dr. Mario H. Kraus   (*1973), Diplom-Chemiker, seit 2001 Mediator und Publizist (Wohnungswirtschaft/Stadtentwicklung), arbeitete zwischenzeitlich im Bildungswesen, so als Bereichsleiter Schule/Hort eines Bildungsunternehmens und Leiter eines Freiwilligenvorhabens „Nachhilfe in der Nachbarschaft" in Berlin. Er veröffentlichte bei Springer „Eins, zwei, viele. Eine Kulturgeschichte des Zählens" (2021), „Kompaktkurs Kombinatorik. Gemischt, verteilt und wohlgeordnet" (2023) sowie „Diesseits und Jenseits. Mathematik und Phänomenologie der Grenze" (2024). Stefan Wagner (*1968), Diplom-Physiker, war Programmierer in der Wirtschaft, bevor er Lehrer wurde; er unterrichtet an einem Gymnasium in Berlin.

Einführung 1

Zusammenfassung

Der erste Abschnitt beschreibt kurz die Ziele und die Gliederung des Kompaktkurses.

Dieses Kurzlehrbuch wurde insbesondere für die Begabungsförderung entworfen. Es richtet sich daher vorrangig an junge Leute, die sich auf das Abitur vorbereiten, demnächst ein Studium beginnen oder ein solches kürzlich begonnen haben. Selbstverständlich ist es ebenso geeignet für Menschen aller Alters- und Berufsgruppen, einschließlich derer auf dem 2. Bildungsweg, die sich mit der *Mathematik* und hier eben der *Analysis* befassen wollen.

Deutschland erlebt wie die meisten anderen Länder Europas grundlegende Veränderungen. Stichworte sind Bevölkerungsentwicklung und Klimawandel, letztlich geht es um den dringend erforderlichen Wandel einer ganzen Volkswirtschaft. Daraus ergeben sich die künftigen Lebensbedingungen einschließlich der Bildungs- und Erwerbsmöglichkeiten. In Deutschland lebt nur etwa 1 % der Weltbevölkerung; der Anteil an der weltweiten Wirtschaftsleistung bleibt nur dann deutlich größer, wenn Menschen ihre Talente und Neigungen bestmöglich nutzen können. Forschung und Wirtschaft sind leistungs- und wettbewerbsfähig, wenn verstärkt „hartes" Wissen und Können vermittelt wird: Der Aufschwung des Handwerks in Deutschland über die letzten Jahre ist hier wichtig – doch das reicht nicht.

Die in den letzten 10.000–12.000 Jahren sesshaft und arbeitsteilig gewordene Menschheit hat mittels *Technologie* Großes geleistet, sich damit aber in der Moderne zunehmend überfordert – und kann sich nunmehr nur durch weiteren Fortschritt retten. Fortschritt wiederum heißt nicht ausschließlich, ständig Neues zu schaffen, sondern auch Bewährtes wiederzuentdecken und auf kommende Herausforderungen anzuwenden. *Mathematik, Informatik, Elektronik, Physik* und *Chemie* sowie alle verwandten Fachgebiete liefern dazu die Grundlagen; sie vermögen sich aber nur entfalten, wenn es immer wieder Nachwuchs gibt.

Junge Leute, die gewisse Neigungen zu Zahlen und Mustern haben, können sich schon heute ihren Wunschberuf aussuchen. Trotzdem gehören Mathematik und die Naturwissenschaften zu den gesellschaftlich wenig geschätzten Arbeitsgebieten. Wer zeigt, nichts von Mathematik zu verstehen, stößt im Umfeld oft auf Verständnis und Zustimmung. Die Gründe sind vielfältig, ebenso die Folgen: Nicht mit Zahlen umgehen und Zusammenhänge nicht erkennen zu können, bringt im Leben früher oder später Nachteile. Das aber wirkt gesamtgesellschaftlich, zu messen an Einkommen, Erwerbsbeteiligung oder Wahlergebnissen.

Zusammenhänge zu erkennen und zu untersuchen, und dies möglichst fachübergreifend, ist Anliegen der *Analysis*; wichtigster Begriff ist die *Funktion*. So ist das Buch wie folgt gegliedert:

- Nach diesem Kap. 1 mit einführenden Bemerkungen folgt das Kap. 2 mit einer kurzen Darstellung zur Entwicklung des Fachgebiets. Hier wird der grundlegende Ansatz mit ersten Begrifflichkeiten aufgezeigt; es erscheinen klassische Beispiele ebenso wie Gelehrte, deren Erkenntnisse heute noch genutzt werden.
- Das Kap. 3 widmet sich Zahlen und Größen, Folgen und Reihen. Dabei werden wichtige Zusammenhänge mit einfachen Mitteln hergeleitet. Das Kap. 4 befasst sich folgerichtig mit Ausdehnungen und ihren Darstellungen (Stichworte *Dimensionalität*, *Metrik*).
- Ging es bis hier (überwiegend) um schulisches Grundlagenwissen, geht es im Kap. 5 um Teilungen von Strecken, Flächen, Körpern – somit auch um das Verhältnis von Endlichkeit und Unendlichkeit oder das Rechnen mit der Null.
- Das Kap. 6 behandelt Beziehungen und Zusammenhänge von Zahlen und Größen (Stichwort *Funktion*). Gezeigt wird ein nützlicher Ablaufplan zur Beschreibung von Kurven (*Kurvendiskussion*).
- Damit können im Kap. 7 die Grundlagen der *Differenziation* gezeigt werden, einschließlich der Herleitung aller wichtigen Rechenregeln; im Kap. 8 geschieht Entsprechendes mit der *Integration*. Immerhin sind beide Gegenrechnungen.
- Nachfolgend werden wichtige *Funktionstypen* näher beschrieben – im Kap. 9 *die Potenzfunktionen* (insbesondere *lineare, quadratische, kubische*), im Kap. 10 die *Exponential- und Logarithmusfunktionen*, im Kap. 11 *die Trigonometrischen Funktionen*.
- Das Kap. 12 beschreibt die Verhältnisse an Kreis und Kugel.
- Mehr oder weniger typische Anwendungen sind im Kap. 13 aufgeführt.
- Und letztlich geht es im Kap. 14 um eine lehrreiche Querverbindung zu *Binärcodierungen*.

Es sind also 14 Kapitel, was aber nicht heißt, dass das Pensum in zwei Wochen abgearbeitet werden kann oder muss. Die recht engen Grenzen der Rahmenlehrpläne in den Bundesländern gelten hier nicht, zusätzliche Erläuterungen und Hinweise sind enthalten. Erforderlich sind Kenntnisse in der Gleichungslehre (vor allem von Umformungen!).

Abbildungen und Berechnungen erscheinen als Vermittlungseinheiten, ähnlich den aus der Schule bekannten Tafelbildern. Sie werden jeweils ergänzt durch Erläuterungen. Zu allen Aufgaben werden vollständige Herleitungen aufgeführt; das soll dazu anregen, die Berechnungen nachzuvollziehen und nach anderen Ansätzen zu suchen.

Integraltabellen wurden nicht aufgenommen; sie sind in zahlreichen Druckwerken und im Netz verfügbar. Ein hervorragendes Hilfsmittel bei der Suche nach Gesetzmäßigkeiten in Zahlenfolgen ist die vor gut 60 Jahren von *Neil J. A. Sloane* (*1939) begründete *Online Encyclopedia of Integer Sequences OEIS* (oeis.org).

Das Buch soll den Übergang von schulischen Lehrbüchern zu (fach-)wissenschaftlichen Werken erleichtern. Einige von diesen gehören zum etablierten Springer-Portfolio (Deitmar, 2021; Forster, 2023/2017; Friedl, 2023; Glaubitz et al., 2019; Heuser, 2013; Hildebrandt, 2006; Königsberger, 2004/2013; Walter, 2004/1985). Auch auf andere deutsch- und englischsprachige Lehrwerke sei verwiesen (Croft & Davison, 2006; Lial & Miller, 2011/1975; Rudin, 2022). Ferner lesenswert sind drei sehr lebendig, geradezu liebevoll, geschriebene Einführungen aus den USA (Berlinski, 1997; Ouellette, 2012; Strogatz, 2020).

Literatur

Berlinski, D. (1997). *A tour of the Calculus*. Vintage/Random House.

Croft, A., & Davison, R. (2006). *Foundation Maths*. Pearson/Prentice Hall.

Deitmar, A. (2021). *Analysis*. Springer.

Forster, O. (2023/2017). *Analysis 1/2*. Springer.

Friedl, S. (2023). *Analysis I*. Springer Spektrum.

Glaubitz, J., et al. (2019). *Lernbuch Analysis 1*. Springer.

Heuser, H. (2013). *Lehrbuch der Analysis 1*. Springer Vieweg.

Hildebrandt, S. (2006). *Analysis*. Springer.

Königsberger, K. (2004/2013). *Analysis 1/2*. Springer.

Lial, M. L., & Miller, C. D. (2011/1975). *Calculus with applications*. Pearson.

Ouellette, J. (2012). *The Calculus diaries*. Duckworth Overlook.

Rudin, W. (2022). *Analysis*. De Gruyter.

Strogatz, S. (2020). *Infinite powers*. Atlantic Books.

Walter, W. (2004/1985/1990). *Analysis 1 + 2*. Springer.

Zusammenfassung

Umrissen wird die geschichtliche Entwicklung des Infinitesimalkalküls seit der Antike, vor allem aber in den vergangenen 500 Jahren der „3. Globalisierung".

Der klassische *Infinitesimalkalkül*, englisch *Calculus* (lat. *infinitas*, Unendlichkeit, *calculus*, Rechenstein), Teil des Fachgebiets *Analysis* (griech. *analysis*, Auflösung), ist die Kunst des kleinen Unterschieds:

- In einer Rechnung werden bestimmte Größen (Längen, Flächen, …) aufgeteilt – was lässt sich daraus lernen? Gelten für die einzelnen Teile die gleichen Regeln wie für das große Ganze?
- Was lässt sich insbesondere lernen, wenn das Ganze in sehr viele, „fast" unendlich viele, sehr kleine, „fast" unendlich kleine, Teile geteilt wird? Sind alle Teile gleich oder „gleichwertig"? Und was geschieht, werden diese Teile wieder zusammengefügt?
- Was geschieht bei einer allmählichen, kleinschrittigen Annäherung an bestimmte Grenz- oder Schwellenwerte? Welche Trends und Tendenzen werden erkennbar?
- Wie sind ungleichmäßig geformte, „unberechenbare" Gebilde (hier insbesondere Flächen oder Körper/Räume) in regelmäßige, bekannte Gebilde zerlegbar, damit sie berechnet werden können?
- Wie weit lassen sich solche Teilungen und Annäherungen überhaupt treiben? Ist alles teilbar? Und wie wichtig sind solche Überlegungen für das tägliche Leben?

Einerseits können im Arbeitsalltag sehr kleine Zahlenwerte (die mit anderen Worten nicht mehr wesentlichen Größenordnungen angehören) mitunter vernachlässigt werden. Gerade in der *Chemie, Physik, Technik* ist das üblich und oft notwendig, um eine Arbeit überhaupt fertigstellen zu können. Andererseits wird etwas, das zu klein ist, um wahrgenommen zu werden, oft nicht hinreichend ernst genommen – seien es *Viren* oder *Moleküle*.

Der *Infinitesimalkalkül* dient seit mittlerweile drei Jahrhunderten vor allem dazu, aus Veränderungen zu lernen. Die Vorgeschichte umfasst sogar Jahrtausende (Sonar, 2016). Anfangs befassten sich Gelehrte mit sinnlich erfassbaren, räumlich-zeitlichen Verhältnissen, etwa den Eigenschaften von Körpern oder deren Bewegungen. Über lange Zeit wuchs das Wissen langsam und mühselig. Das lag an fehlenden Anwendungen (Bedarf ist immer ein guter Ansporn!) und an fehlenden fachlichen Grundlagen (beides bedingt sich, wie die Geschichte immer wieder zeigte). Zunächst wurden Begriffe von Zahlen und Größen erforderlich, eine Formelschrift und Rechengesetze; dann war es nötig, Beziehungen zwischen Größen zu erkennen, also Abhängigkeiten und Wechselwirkungen. Doch etliche grundlegende Erkenntnisse wurden durchaus schon in der Antike gewonnen:

1. *Kann ein Kreis zeichnerisch in ein Rechteck umgewandelt werden? Dass Umfang und Durchmesser kein ganzzahliges Verhältnis haben, war bekannt (es störte das Weltbild mancher antiker Gelehrter). Zeichnen und Rechnen halfen nicht weiter; Zerlegung erwies sich als eine Antwort (Abb. 2.1): Wird ein Kreis in Sektoren geteilt, lassen sich diese, sofern schmal genug, zu einem rechteckartigen Gebilde umordnen. Der halbe Umfang wird dabei zu dessen Längsseite, der halbe Durchmesser zur anderen Seite. Mit anderen Worten ist ein Vollkreis in sehr viele, sehr kleine Winkel zu teilen. Dieser Ansatz wurde bereits in der Antike bedacht, in der Renaissance dann mit Zahlen und Gleichungen hinterlegt. Dabei gelang es, mit einem Grenzwertgedanken eine Aufgabe zu lösen, die mit einer Konstruktion (Zirkel und Lineal) nicht bewältigen lässt – die allmähliche Annäherung an die „Quadratur des Kreises".*

2. *Die phönizische Königstochter Dido (Elissa) landete der Sage nach vor etwa 2800 Jahren an der Küste Nordafrikas. Sie wollte Land erwerben, was die Einheimischen nicht freute; doch brauche sie nur, was sich mit einer Kuhhaut umspannen ließe. Das erschien als gutes Geschäft – dachten die Leute. Dido schnitt die Haut in lange dünne Streifen, verknotete diese und umspannte damit ein erstaunlich großes Grundstück. Daraus wurde Carthago; so besagt es die Legende. Die Darstellung zeigt, dass sich mit einem (Halb-)Kreis mehr Fläche abteilen lässt als mit einem Dreieck oder Rechteck (Abb. 2.2); die Küste wird hier als Teil der Umgrenzung genutzt, was nicht ganz der Überlieferung entspricht. Die Berechnung in heutiger Formelschrift zeigt zudem, dass das solche Ansätze teils etwas aufwendig sind. Die rechteckige und die dreieckige Fläche erfordern eine Ableitung – eine der beiden Rechenarten, die in diesem Buch näher betrachtet werden.*

3. *Das auf Zenon von Elea (*490, †430?) zurückgehende Paradoxon von Achill und der Schildkröte umfasst folgenden Denkansatz: ermag ein Läufer überhaupt das Ende einer Strecke zu erreichen? Immerhin kann diese so eingeteilt werden, dass es kein Ende zu geben scheint (auch wenn man es im wirklichen Leben in der Ferne sehen*

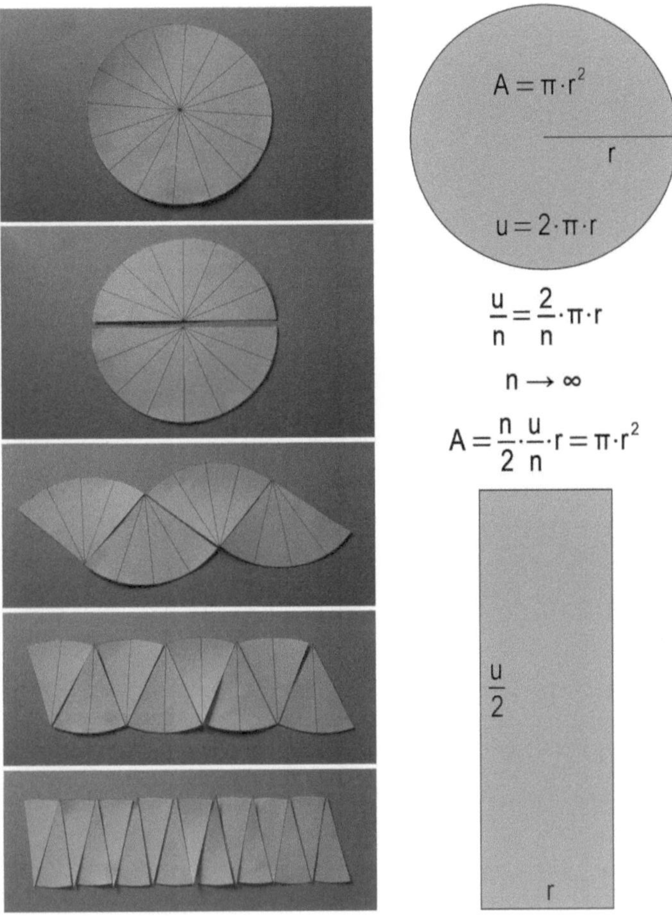

Abb. 2.1   Rechtecke aus Kreisen

*kann): Wird beispielsweise zunächst halbiert, folgt auf die Hälfte der Strecke ein
Viertel der Strecke, dann ein Achtel, ein Sechzehntel und so weiter (Abb. 2.3). Die
Teile werden immer kleiner, gar unendlich klein. Der Gedankenversuch missachtet
einerseits, dass endliche Strecken mit endlichen Schrittweiten durchmessen werden;
andererseits lässt sich rechnerisch, hier mittels geschickter Umformung zeigen, dass
eine unendliche Folge durch Summieren der Glieder nicht in die Unendlichkeit, sondern zu einer Zahl als Grenzwert führt. Dem noch zu erwähnenden Nicolas d'Oresme
gelang es etwa 1800 Jahre später, Gesetzmäßigkeiten und Besonderheiten dieser und
anderer Zahlenfolgen in auch heute noch verständliche Schriftformen zu bringen.*

4. *Ein Quadrat wird mit einer Diagonale halbiert, in die eine Hälfte ein kleines Quadrat eingelegt (Ecke auf Mitte); es ist ein Viertel des ursprünglichen Quadrats
   (Abb. 2.4). Wer das Verfahren fortsetzt, füllt nach und nach die Hälfte des ursprünglichen Quadrats, was sich mit einer Grenzwertberechnung belegen lässt. Es wäre*

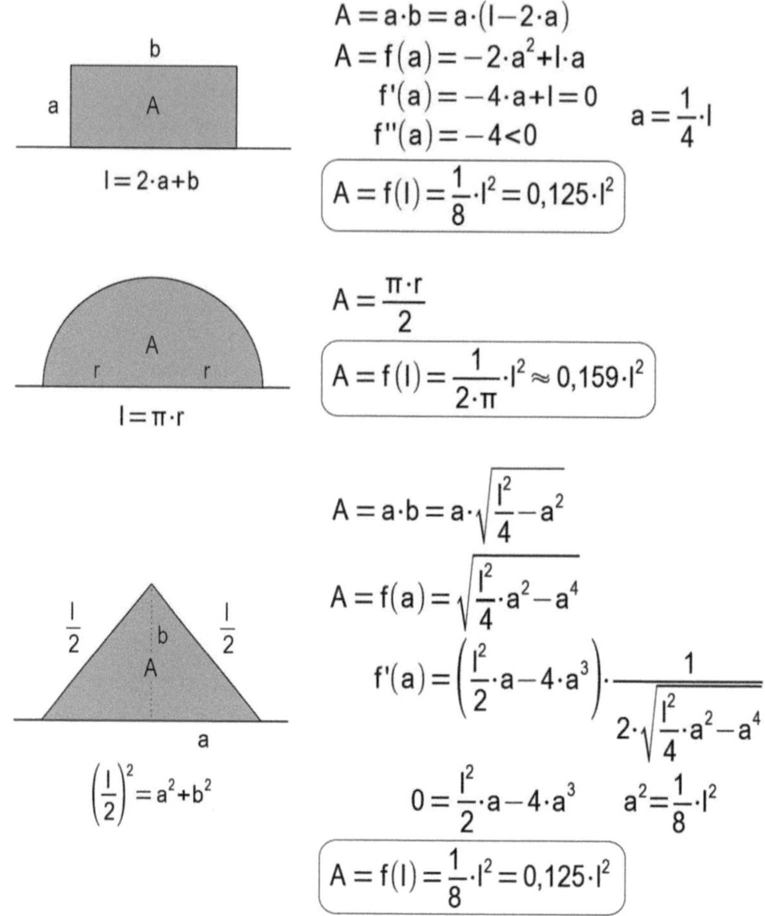

Abb. 2.2 Gründung von Carthago

nun zu vermuten, dass sich dabei die Folge der „Stufen" als Summe der Länge der Diagonale annähert; aber dem ist nicht so, denn jede rechtwinklige Ecke ist ein Umweg, ganz gleich in welchem Maßstab. Hier hilft eine Grenzwertbetrachtung derart, dass die Stufen als immer kleiner werdend angenommen werden, bis ihre Höhe und Tiefe jeweils einen (ausdehnungslosen) Punkt betragen: Erst dann wird aus der „Treppe" eine Linie, nämlich die Diagonale. Rechnerisch zeigt sich hier wie schon im vorigen Beispiel, dass das Ausklammern eines Terms oftmals hilf- reich ist.

Letzteres Verfahren ist eine Spielart der *Exhaustionsmethode* (lat. *exhaurio*, aus- schöpfen, erschöpfen), heute verbunden mit den Namen von *Eudoxus* (*408, †355) und vor allem *Archimedes* (*287, †212): Eine zu bestimmende Fläche wird mit immer mehr, immer kleineren Dreiecken, Kästchen oder Streifen gefüllt, bis sie bedeckt ist; dann werden diese – regelmäßigen und damit berechenbaren – Teil-

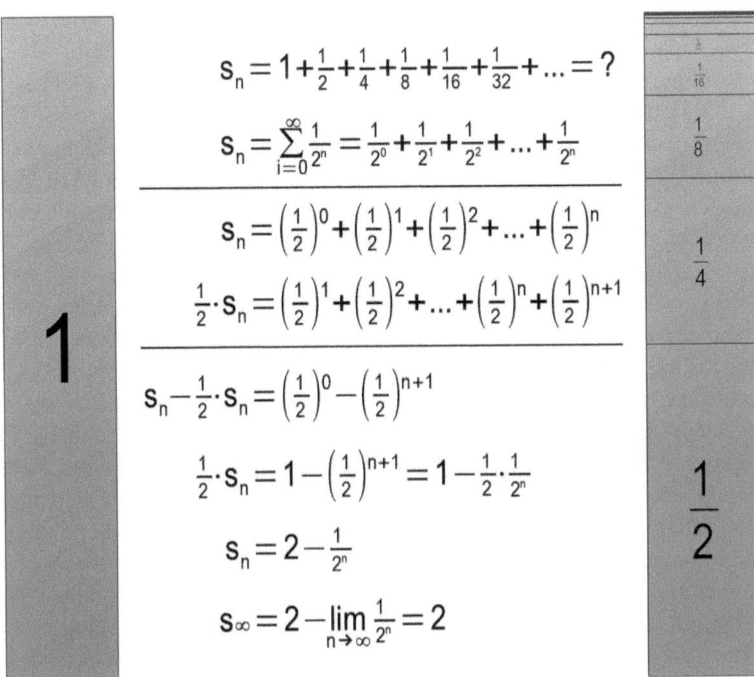

Abb. 2.3 Paradox des Zenon. (Kraus, 2024)

Abb. 2.4 Exhaustionsmethode

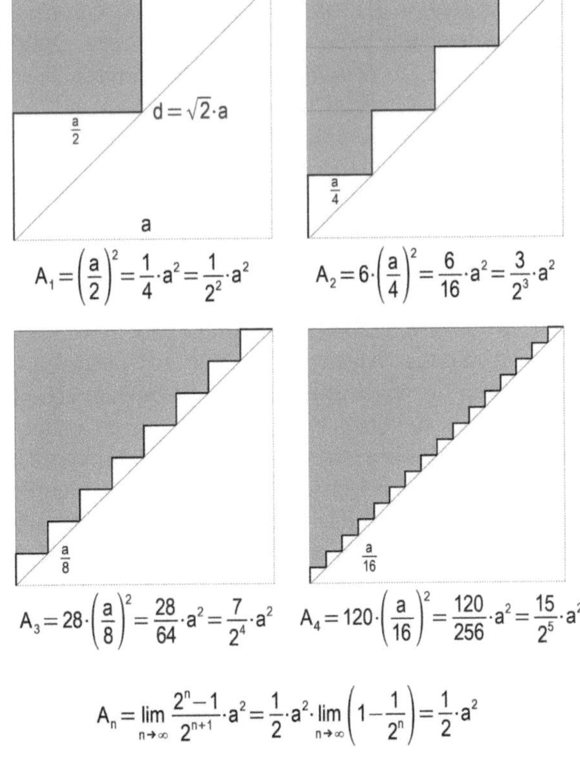

stücke summiert (Resnikoff & Wells, 1983/1973; Dunham, 1991; Gericke, 1994; Szpiro, 2003). Das Verfahren erlaubte erstmals, durch fortschreitendes Einteilen und Eingrenzen, also wiederholt-rückkoppelnde Grenzwertbildungen, nicht-ganzzahlige Werte und nicht-geradlinig begrenzte Flächen zu berechnen. Nicht zuletzt mangels einer Formelschrift blieb es bei Ansätzen; das änderte sich erst – und auch das recht mühsam – mehr als anderthalb Jahrtausende später (Mazur, 2014).

Wird als *1. Globalisierung* die Besiedlung der Welt durch die Ur- und Frühmenschen von Afrika aus verstanden, als *2. Globalisierung* die Bildung der großen antiken Reiche mit Handelsbeziehungen (und Kriegen) über die Grenzen von Erdteilen hinaus, dann begann die *3. Globalisierung* vor über 500 Jahren mit der (Wieder-)Entdeckung der „Neuen" durch die „Alte" Welt. Damit begann auch die Zeit der modernen Wissenschaften. *Mathematik* war immer ein Teil davon, zunächst in enger Verbindung mit *Philosophie* und *Astronomie*. Die neuen Wissenschaften waren Mittel zum Zweck, führten zu Erfindungen und Entdeckungen, zu geistigem wie wirtschaftlichem Profit. Sie wurden gebraucht, und das führte zu oft verblüffenden Querverbindungen ganz unterschiedlicher Berufsgruppen und Lebensbereiche. Heutiges modernes Leben beruht ganz wesentlich auf der wirtschaftlichen Nutzung wissenschaftlicher Erkenntnisse, wenngleich dies im Alltag selten bewusst wird.

Analysis gehört heute zu den klassischen Grundlagen der Rechenkunst. *Galileo Galilei* (*1564, †1642) oder *Johannes Kepler* (*1571, †1630) befassten sich jedoch nicht nur mit Himmelskörpern, sondern mit sehr irdischen Aufgaben: Wie sollte ein Fass geformt sein, um möglichst viel Inhalt aufzunehmen? Und wie können Fässer oder Kanonenkugeln platzsparend gelagert werden? Auch ihre Zeitgenossen *Bonaventura Cavalieri* (*1598, †1647) und *Paul Guldin* (*1577, †1643) widmeten sich rechnerischen Flächen- und Raumfüllungen. Begriffe wie *Keplers Fassregel, Cavalieri-Prinzip, Guldinsche Regeln* erinnern heute noch in Lehrwerken daran (die Erkenntnisse zu dichten „Kugelpackungen" halfen weit später sogar dabei, Bindungsverhältnisse in Kristallen zu verstehen). Doch noch ein Jahrhundert später, zu Lebzeiten von *Gottfried Wilhelm Leibniz* (*1646, †1716) oder *Isaac Newton* (*1642/43, †1726/27), scheuten sich manche Gelehrte, über veränderliche Werte in Gleichungen nachzudenken – gar über solche, die gegen Null oder Unendlich strebten. Die Streitigkeiten der beiden großen Gelehrten um die Urheberschaft am *Infinitesimalkalkül* wurden vielfach beschrieben (White, 1998; Hirsch, 2000; Goldenbaum & Jesseph, 2008). Letztlich haben sich Denkansatz und Formelschrift (Integral-Zeichen, Ausdruck für das Differenzial dx) des Deutschen durchgesetzt und wurden bis heute grundsätzlich beibehalten (Leibniz, 2011); seine Rechenmaschine erwies sich nach einigen Anpassungen später als tauglich. Ein wunderbares Bild des Wechsels vom 17. zum 18. Jahrhundert, natürlich mit gewissen künstlerischen Freiheiten, vermittelt die vor etwa 20 Jahren erschienene Roman-Trilogie „*The Barock Cycle*" des britischen Schriftstellers *Neal Stephenson* (Stephenson, 2004a, b, c). Die beiden Großen erscheinen dort als lebendige Gestalten ihrer Zeit mit Stärken und Schwächen, Träumen und Ängsten. In Europa des 18. Jahrhunderts wurde der *Infinitesimalkalkül* in der Folge vor allem durch die Arbeiten schweizerischer Gelehrter verbreitet, insbesondere durch *Leonhard Euler* und verschiedene Mitglieder der Familie *Bernoulli* – nicht zuletzt, weil sich damals bereits die Gelegenheiten zur Nutzung und damit die Begehrlichkeiten der Herrschenden häuften (Velminski, 2009).

Tab. 2.1 Schöpfer des Infinitesimalkalküls, 14.–19. Jahrhundert (Auswahl)

20 Gelehrte …	*… und ihre Arbeitsgebiete*
*Nicolas d'Oresme (*1330?, †1382, Frankreich) Geistlicher und Gelehrter*	*Untersuchung zeitlicher Veränderungen (Beschreibung von Vorgängen und Zusammenhängen zwischen Größen); Vorarbeiten zum Begriff der Funktion und zur Nutzung von Koordinatensystemen*
*Francois Viète (*1540, †1603, Frankreich) Jurist und Mathematiker*	*Entwicklung von Rechenverfahren und Rechenzeichen; Vorarbeiten zur Analytischen Geometrie*
*René Descartes (*1596, †1650, Frankreich) Philosoph und Mathematiker*	*Entwicklung der Näherungs- und Grenzwertrechnung, Entwicklung des Begriffs der Funktion (Untersuchung von Kurven); Vorarbeiten zur Analytischen Geometrie*
*Pierre de Fermat (*1607, †1665, Frankreich) Jurist und Mathematiker*	*Entwicklung des Begriffs der Funktion (Untersuchung von Kurven), Nutzung von Koordinatensystemen, Vorarbeiten zum Infinitesimalkalkül (Fermat und Descartes galten schon damals als wichtigste Mathematiker ihrer Zeit in Europa)*
*Blaise Pascal (*1623, †1662, Frankreich) Philosoph und Mathematiker*	*Entwicklung von Rechenverfahren, Bau einer Rechenmaschine, Untersuchung von Kurven, Vorarbeiten zum Infinitesimalkalkül*
*John Wallis (*1616, †1703, England) Mathematiker*	*Entwicklung von Rechenverfahren (Reihenentwicklungen, Herleitung von π, …) und Rechenzeichen (Unendlich-Zeichen ∞, …), Meisterschaft im Kopfrechnen, Vorarbeiten zum Infinitesimalkalkül*
*Issac Barrow (*1630, †1677, England) Mathematiker*	*Vorgänger Newtons auf dem Lehrstuhl in Cambridge; Entwicklung des Begriffs der Funktion (Untersuchung von Kurven), Nutzung von Koordinatensystemen, Vorarbeiten zum Infinitesimalkalkül*
*Jakob Bernoulli (I) (*1654, †1705, Schweiz) Mathematiker*	*Weiterentwicklung und Verbreitung des neuen Infinitesimalkalküls (nach dem Ansatz von Leibniz) in Europa*
*Johann Bernoulli (I) (*1667, †1748, Schweiz) Mathematiker*	*Bruder des Vorgenannten; Weiterentwicklung und Verbreitung des neuen Infinitesimalkalküls (nach dem Ansatz von Leibniz) in Europa*
*Guillaume François Antoine, Marquis de l'Hospital (*1661, †1704, Frankreich) Mathematiker*	*Schüler des Vorgenannten; Weiterentwicklung und Verbreitung des neuen Infinitesimalkalküls*
*Jean-Baptiste le Rond d'Alembert (*1717, †1783, Frankreich) Mathematiker*	*Arbeiten zu Rechenverfahren und zum Begriff der Funktion*
*Leonhard Euler (*1707, †1783, Schweiz, tätig in Russland und Preußen) Mathematiker*	*Schüler von Johann Bernoulli; Arbeit auf vielen Gebieten, Weiterentwicklung des Infinitesimalkalküls zur modernen Analysis, Einführung der heutigen Formelschrift (Verwendung von x, Einführung von e, i, des Summenzeichens und der Schreibweise f(x), …), Begründung der modernen Analysis (Euler galt schon zu Lebzeiten als einer der wichtigsten Mathematiker aller Zeiten)*
*James Stirling (*1692, †1770, Schottland/ England) Mathematiker*	*Begründung der modernen Kombinatorik, Arbeiten zu Reihenentwicklungen und zur Theorie der Funktionen, wurde von Newton gefördert*

(Fortsetzung)

Tab. 2.1 (Fortsetzung)

20 Gelehrte ...	*... und ihre Arbeitsgebiete*
*Joseph-Louis Lagrange (*1736, †1813, Frankreich) Mathematiker*	*Arbeiten zur Theorie der Funktionen und zur Analysis*
*Jean Baptiste Joseph de Fourier (*1768, †1830, Frankreich) Mathematiker und Ingenieur*	*Arbeit zu vielen Forschungsfragen, insbesondere zur Theorie der Funktionen*
*Augustin-Louis Cauchy (*1789, †1857, Frankreich) Mathematiker*	*Arbeit zu vielen Forschungsfragen, insbesondere zur Theorie der Funktionen, Weiterentwicklung der Analysis*
*Carl Friedrich Gauß (*1777, †1855, Deutschland) Mathematiker und Astronom*	*Arbeit zu vielen Forschungsfragen, Weiterentwicklung der Theorie der Funktionen (Gauß und Cauchy galten schon zu Lebzeiten als die beiden wichtigsten ihrer Zeit in Europa; ihre Arbeiten werden bis heute genutzt)*
*Bernhard Riemann (*1826, †1866, Deutschland) Mathematiker*	*Schüler des Vorgenannten; Erweiterung der Theorie der Funktionen und der Analysis auf nicht-euklidische, „höhere" Räume*
*Gustave-Peter Lejeune-Dirichlet (*1805, †1859, Deutschland) Mathematiker*	*Weiterentwicklung und fachübergreifende Anwendung der Theorie der Funktionen und der Analysis*
*Karl Theodor Wilhelm Weierstraß (*1815, †1897, Deutschland) Mathematiker*	*Weiterentwicklung der Theorie der Funktionen und der Analysis*

Ganz anders als in den den Gesellschafts- oder Geschichtswissenschaften wird in der Mathematik jede Entdeckung und Entwicklung weiter genutzt; alles passt letztlich zueinander, kaum etwas geht verloren. Doch das andauernde Wachstum des Wissens führt dazu, dass Menschen vergessen werden, die zur Entwicklung beitrugen. Neben den beiden üblicherweise genannten Großen wurde der *Infinitesimalkalkül* durch etliche andere Gelehrte (vor allem aus Frankreich und England sowie der Schweiz und Deutschland) vorangetrieben (Tab. 2.1). Die Aufzählung ist naturgemäß nicht vollständig.

Seither dient der *Infinitesimalkalkül* aus *Differenziation* und *Integration* dazu,

- Kurven zu beschreiben (die ihrerseits bildliche Darstellungen von Zusammenhängen zwischen Zahlen und/oder Größen sind),
- Flächen unter diesen Kurven zu berechnen (die wiederum auf die Bedeutungen der betreffenden Größen verweisen), oder
- Längen und (Ober-)Flächen von Gebilden verschiedener Ordnung zu bestimmen.

Eine Übersicht über wichtige Grundbegriffe und Zusammenhänge soll als Überleitung zum Hauptteil des Buchs dienen (Abb. 2.5). Dabei werden im unteren Teil der Abbildung „nur" die räumlich-zeitlichen Größen benannt, mit denen die Entwicklung des Gebiets einst begann. Bis heute erweist sich der Ansatz als eine der wichtigsten Entwicklungen in der Mathematik (Kropp, 1994/1969; Gillies, 1995;

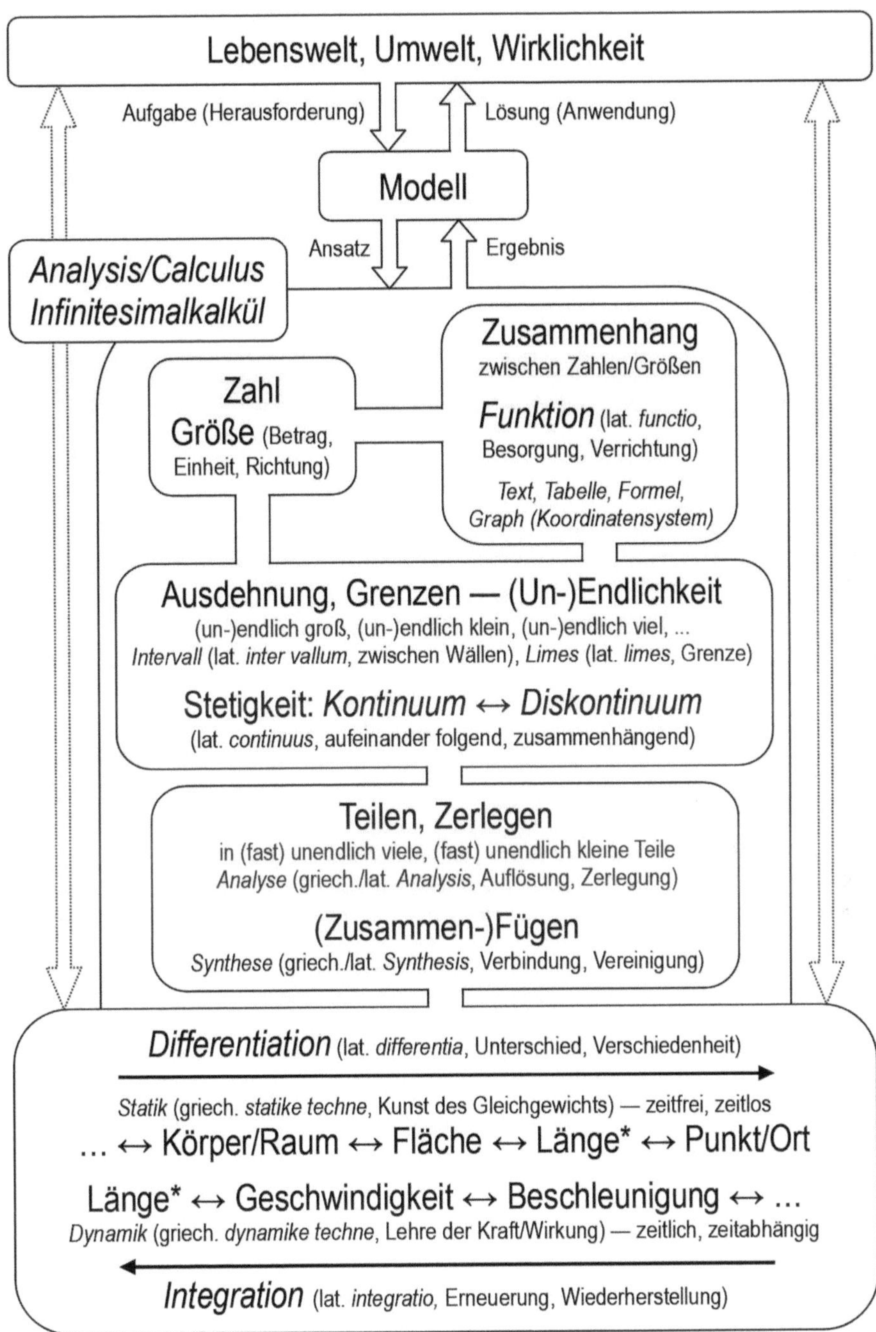

Abb. 2.5 Grundbegriffe im Überblick

Gribbin, 2003; Watson, 2005; Günzel, 2010). Er erfordert fallweise erheblichen Rechenaufwand, verhilft aber zu einem Verständnis, das kaum anderweitig zu erlangen ist. Die Berechnung gekrümmter Kurven und (Ober-)Flächen ist seit Längerem ein eigenes Fachgebiet, ebenso die Beschreibung von Rändern (Pratelli & Leugering, 2015; Pinkall & Gross, 2024). Ein neueres Buch zeigt Anwendungen in *Physik, Geografie/Kartografie, Statistik* (Taschner, 2021); umfassende Weiterentwicklung wurde unter der Bezeichnung *Superanalysis* betrieben (Khrennikov, 2012).

Literatur

Dunham, W. (1991). *Journey through Genius*. Penguin.

Gericke, H. (1994). *Mathematik in Antike und Orient. Mathematik im Abendland*. Fourier.

Gillies, D. (Hrsg.). (1995). *Revolutions in Mathematics*. Clarendon Press.

Goldenbaum, U., & Jesseph, D. (Hrsg.). (2008). *Infinitesimal differences*. De Gruyter.

Gribbin, J. (2003). *Science. A History*. Penguin.

Günzel, S. (Hrsg.). (2010). *Raum. Ein interdisziplinäres Handbuch*. J. B. Metzler.

Hirsch, E. C. (2000). *Der berühmte Herr Leibniz*. C. H. Beck.

Khrennikov, A. (2012). *Superanalysis*. Springer.

Kraus, M. H. (2024). Diesseits und Jenseits. Mathematik und Phänomenologie der Grenze. Springer

Kropp, G. (1994/1969). *Geschichte der Mathematik. Probleme und Gestalten*. Sammlung Aula.

Leibniz, G. W. (2011). In H.-J. Heß & M.-L. Babin (Hrsg.), *Die mathematischen Zeitschriftenartikel*. Georg Olms.

Mazur, J. (2014). *Enlightening symbols*. Princeton University Press.

Pinkall, U., & Gross, O. (2024). *Differential Geometry*. Birkhäuser.

Pratelli, A., & Leugering, G. (Hrsg.). (2015). *New trends in shape optimization*. Birkhauser.

Resnikoff, H. L., & Wells, J. O. (1983/1973). *Mathematik im Wandel der Kulturen (Mathematics in Civilization)*. Friedrich Vieweg & Sohn.

Sonar, T. (2016). *3000 Jahre Analysis. Geschichte – Kulturen – Menschen*. Springer.

Stephenson, N. (2004a). *Quicksilver. The Barock Cycle I*. Arrow Books/Random House.

Stephenson, N. (2004b). *The Confusion. The Barock Cycle II*. Arrow Books/Random House.

Stephenson, N. (2004c). *The System of the World. The Barock Cycle III*. Arrow Books/Random House.

Szpiro, G. G. (2003). *Kepler's Conjecture*. John Wiley & Sons.

Taschner, R. (2021). *Anwendungsorientierte Mathematik*. Carl Hanser.

Velminski, W. (2009). *Form Zahl Symbol*. Akademie.

Watson, P. (2005). *Ideas. A history from fire to Freud*. Phoenix/Orion.

White, M. (1998). *Isaac Newton. The Last Sorcerer*. Fourth Estate.

Zahlen und Größen, Folgen und Reihen: Grundlagen

3

Zusammenfassung

Schwerpunkte sind Zahlbegriff und Zahlbereiche, der Zusammenhang von Zahl und Größe, der Begriff Term sowie Folgen und Reihen mit ihren Grenzwerten.

Zahlen können bekanntlich nach Zahlenbereichen (also Mengen) unterschieden werden, die ineinander enthalten sind. Dabei ist die Menge der natürlichen Zahlen der ursprüngliche, lebensweltlich erfahrbare Zahlenbereich (daher der Name): Mit natürlichen Zahlen wird gezählt; sie galten einst als nicht teilbare Einheiten. Sie können erweitert werden, gespiegelt auf die andere Seite der Null (was wiederum einen Begriff von der Null erfordert, dazu später mehr): So entsteht die Menge der ganzen Zahlen. Die Menge der gebrochenen Zahlen umfasst diese und zudem die nicht-ganzen Zahlen in den „Lücken" dazwischen. Weitere Mengen umfassen wiederum die eben Genannten, aber auch solche Zahlen wie die Wurzel aus der Zwei, wie e oder π. Und noch andere Mengen umfassen die genannten Mengen und noch viele mehr … Jeder der Zahlenbereiche ist unendlich groß. Unendlichkeit aber rechnerisch zu fassen erschien erst um die vorletzte Jahrhundertwende möglich, beginnend mit den grundlegenden (und damals heftig umstrittenen) Arbeiten des deutschen Mathematikers *Georg Cantor* ([*]1845, [†]1918) zur Mengenlehre.

Für das Folgende ist kein Verständnis der höheren Mathematik erforderlich; allgemeine Kenntnisse über die Mengen der natürlichen, ganzen und gebrochenen Zahlen genügen. Tatsächlich lassen sich Grundbegriffe der *Analysis* aus der Arbeit mit den natürlichen Zahlen gewinnen (Stopple, 2003). Dass diese in verschiedenen Stellenwertordnungen darstellbar sind, ist auch nicht neu (Abb. 3.1). Die wichtigsten sind das *Dezimalsystem* (Basis 10) des Alltags und das *Binär-/Dualsystem* (Basis 2) des maschinellen Rechnens; das erste davon wird überwiegend in diesem

M. H. Kraus, S. Wagner, *Kompaktkurs Analysis*, https://doi.org/10.1007/978-3-662-72383-8_3

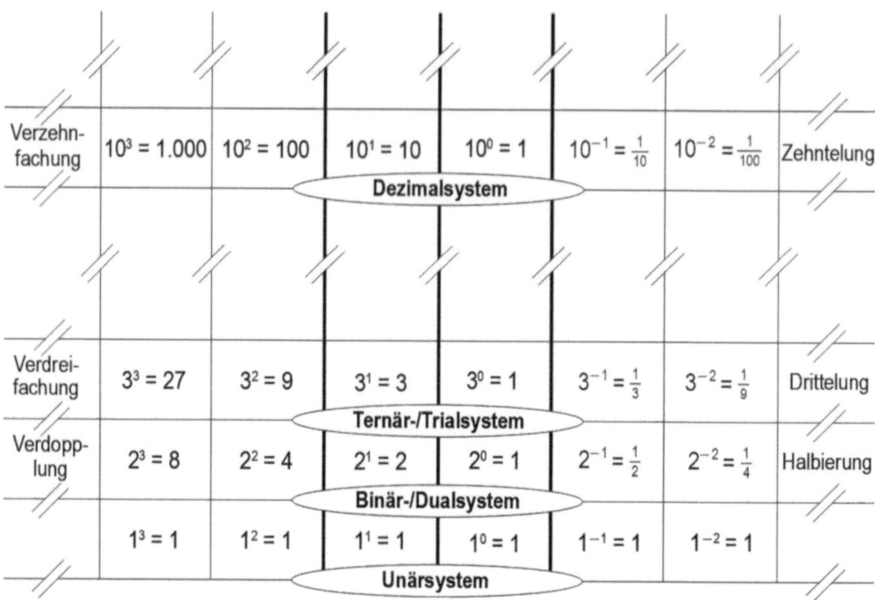

Abb. 3.1 Stellenwertordnungen. (Kraus, 2024)

Tab. 3.1 Einteilung von Größen. (Kraus, 2024)

	skalar (nicht gerichtet) Betrag und Einheit	*vektoriell* (gerichtet) Betrag, Einheit und Richtung
intensiv (abhängig von der Größe des Untersuchungsgegenstandes)	*Masse, Länge, Rauminhalt, Teilchenzahl*	*Geschwindigkeit, Beschleunigung*
extensiv (nicht abhängig von der Größe des Untersuchungsgegenstandes)	*Dichte, Farbe (Wellenlänge)*	*Gefälle von Dichte, Wärme Spannung zwischen Polen*

Buch verwendet, das zweite zumindest hin und wieder erwähnt. Größenordnungen (die Spalten in der Tabelle) werden nach der einen Seite durch Vervielfachen, nach der anderen durch Teilen erschlossen.

Zahlen erscheinen im beruflichen und sonstigen Alltag oft als Bestandteil von Größen (Tab. 3.1). Dabei handelt es sich um (Mess-)Werte aus einer Zahl, einer Einheit und gegebenenfalls einer Richtung (Dilke, 1991; Trapp & Wallerus, 2006; Whitelaw, 2007). Es ist sinnvoll, die *Analysis* zunächst an Zahlen zu erläutern; doch gelten sämtliche Umformungs- und Rechenregeln sinngemäß auch für Größen. Zahlen oder Größen sind, sobald sie in Berechnungen verwendet werden, Terme; diese können auch Klammern und Rechenzeichen enthalten. Ein *Monom* ist ein einteiliger Term (wie 0, 1, π, …), ein *Binom* ein zweiteiliger (wie x + y), ein *Polynom* ein vielteiliger solcher.

Schon in der Antike war bekannt, dass Zahlen hin und wieder Muster offenbaren. Erscheinungen des täglichen Lebens numerisch zu deuten, erschien folgerichtig. *Arithmetik* (griech. *arithmetike techne*, Rechenkunst, Zahlenlehre) und *Mystik* waren in vielen alten Kulturen eng verbunden, so wie einst auch *Astronomie* und *Astrologie* nicht unterschieden wurden. Nun haben Regelmäßigkeiten stets Ursachen und Bedeutung. Doch versuchten damalige Gelehrte, den Alltag in Gänze mit ganzzahligen Verhältnissen zu erklären, blieben sie mitunter erfolglos (das Verhältnis von Durchmesser und Umfang des Kreises ist nun einmal nicht ganzzahlig) oder ratlos (die Teiler der natürlichen Zahlen zeigen auch nach heutigem Wissen keine regelmäßige Verteilung). Zahlenfolgen offenbaren aber tatsächlich zahlreiche Gesetzmäßigkeiten (Abb. 3.2). Die Schlüsselnummern der *Online Encyclopedia of Integer Sequences (www.oeis.org)* für verschiedene Folgen sind aufgeführt, um zu eigenen Recherchen in dieser Quelle anzuregen.

> ***Folge.** Eine Folge ist eine Zuordnung von der Menge der natürlichen Zahlen auf eine andere Menge (Glieder der Folge) derart, dass die natürlichen Zahlen nacheinander mittels einer bestimmten Verfahrensweise (Bildungsvorschrift) umgewandelt werden.*

Oft werden die natürlichen Zahlen als gegeben vorausgesetzt. Wie sich gleich zeigt, ist es jedoch sinnvoll zu bedenken, dass sich diese erst aus der Einsfolge ergeben. Werden deren Glieder nacheinander aufsummiert, erscheinen die natürlichen Zahlen (was in manchen Lehrwerken nicht erwähnt wird). Summieren der natürlichen Zahlen wiederum ergibt die Folge der Dreieckszahlen. Sie heißen so, weil sie sich (etwa mit Murmeln als Einsen) jeweils als Dreieck anordnen lassen. Werden aber die natürlichen Zahlen zunächst in gerade und ungerade Zahlen aufgeteilt und deren Glieder aufsummiert, ergeben sich ganz noch andere Folgen. Das war schon in der Antike bekannt. Aus den natürlichen Zahlen lassen sich im Übrigen auch die Folgen der *Fakultäten* und der *Binärpotenzen* erzeugen. Die Darstellung zeigt zudem die jeweiligen Bildungsvorschriften als Gleichungen: In solche werden entweder die natürlichen Zahlen (ab 0 oder 1) nacheinander eingesetzt (*explizit, lat. explicare, darstellen, entfalten*) oder das jeweils zuletzt errechnete Folgeglied (*implizit, rekursiv, iterativ, lat. implicare, einschließen, enthalten; lat. iteratio, Wiederholung; Rekursion, lat. recursus, Rückkehr*). Im ersten Fall kann also jedes beliebige Glied der Folge errechnet werden, im zweiten wird das vorherige benötigt. Hin und wieder sind beide Arten von Vorschriften bekannt oder herzuleiten; mitunter ist jedoch eine davon zu schwer zu ermitteln, sodass die andere für die Arbeit ausreichen muss.

Es lässt sich noch mehr lernen: Das bekannte Zahlendreieck wird heute mit dem Namen von *Blaise Pascal* verbunden, obwohl es schon Jahrhunderte zuvor in Asien verwendet und in Europa erst von *Isaac Newton* gründlich untersucht wurde (Abb. 3.3): „Eigentlich" geht es um die Berechnung von Teilmengen, Auswahl ist das Stichwort: Aus einer leeren Menge (Inhalt Null) ist nur eine Auswahl von Nichts möglich (n = 0; $2^0 = 1$). Aus einer Menge mit einem Gegenstand kann entweder nichts oder der eine Gegenstand ausgewählt werden, damit sind zwei Auswahlen

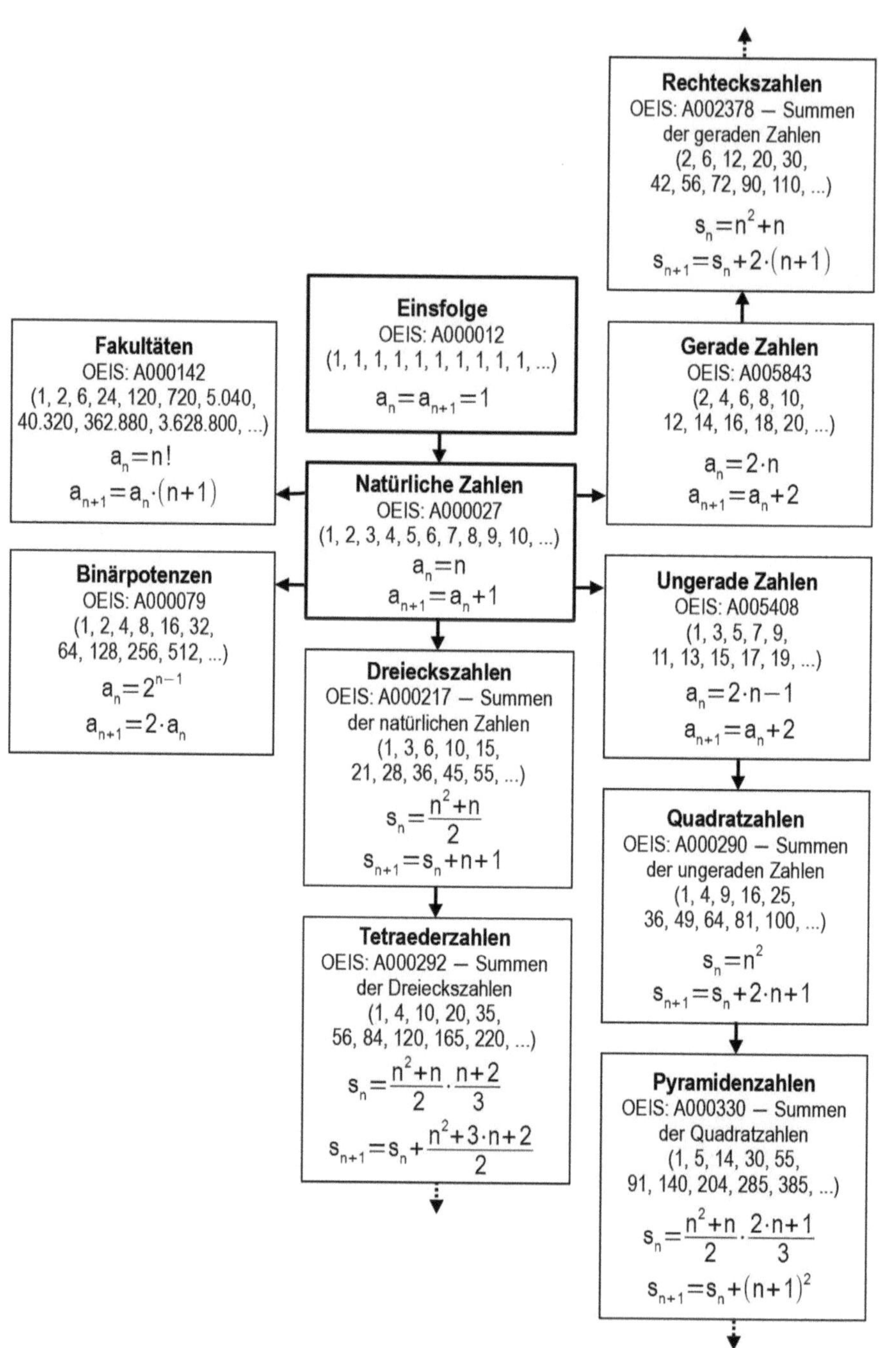

Die in der Abbildung enthaltenen Formeln lauten:

Rechteckszahlen:
$$s_n = n^2 + n$$
$$s_{n+1} = s_n + 2 \cdot (n+1)$$

Einsfolge:
$$a_n = a_{n+1} = 1$$

Fakultäten:
$$a_n = n!$$
$$a_{n+1} = a_n \cdot (n+1)$$

Gerade Zahlen:
$$a_n = 2 \cdot n$$
$$a_{n+1} = a_n + 2$$

Natürliche Zahlen:
$$a_n = n$$
$$a_{n+1} = a_n + 1$$

Binärpotenzen:
$$a_n = 2^{n-1}$$
$$a_{n+1} = 2 \cdot a_n$$

Ungerade Zahlen:
$$a_n = 2 \cdot n - 1$$
$$a_{n+1} = a_n + 2$$

Dreieckszahlen:
$$s_n = \frac{n^2 + n}{2}$$
$$s_{n+1} = s_n + n + 1$$

Quadratzahlen:
$$s_n = n^2$$
$$s_{n+1} = s_n + 2 \cdot n + 1$$

Tetraederzahlen:
$$s_n = \frac{n^2 + n}{2} \cdot \frac{n+2}{3}$$
$$s_{n+1} = s_n + \frac{n^2 + 3 \cdot n + 2}{2}$$

Pyramidenzahlen:
$$s_n = \frac{n^2 + n}{2} \cdot \frac{2 \cdot n + 1}{3}$$
$$s_{n+1} = s_n + (n+1)^2$$

Abb. 3.2 Folgen und Reihen

Abb. 3.3 Binomisches
Theorem (1)

$$\binom{0}{0}=1 \qquad\qquad \sum_{k=0}^{0}\binom{0}{k}=2^0=1$$

$$\binom{1}{0}=1 \quad \binom{1}{1}=1 \qquad\qquad \sum_{k=0}^{1}\binom{1}{k}=2^1=2$$

$$\binom{2}{0}=1 \quad \binom{2}{1}=2 \quad \binom{2}{2}=1 \qquad\qquad \sum_{k=0}^{2}\binom{2}{k}=2^2=4$$

$$\binom{3}{0}=1 \quad \binom{3}{1}=3 \quad \binom{3}{2}=3 \quad \binom{3}{3}=1 \qquad\qquad \sum_{k=0}^{3}\binom{3}{k}=2^3=8$$

$$\binom{4}{0}=1 \quad \binom{4}{1}=4 \quad \binom{4}{2}=6 \quad \binom{4}{3}=4 \quad \binom{4}{4}=1 \qquad\qquad \sum_{k=0}^{4}\binom{4}{k}=2^4=16$$

$$\dots \qquad\qquad \dots$$

$$(a+b)^0 = 1 \qquad\qquad \sum_{k=0}^{n}\binom{n}{k}=2^n$$

$$(a+b)^1 = a+b$$

$$(a+b)^2 = a^2 + 2\cdot a \cdot b + b^2$$

$$(a+b)^3 = a^3 + 3\cdot a^2 \cdot b + 3\cdot a \cdot b^2 + b^3$$

$$(a+b)^4 = a^4 + 4\cdot a^3 \cdot b + 6\cdot a^2 \cdot b^2 + 4\cdot a \cdot b^3 + b^4$$

$$\dots$$

$$(a+b)^n = a^n + n\cdot a^{n-1}\cdot b + \dots + n\cdot a \cdot b^{n-1} + b^n$$

$$(a+b)^n = \sum_{k=0}^{n}\binom{n}{k}\cdot a^{n-k}\cdot b^k \qquad\qquad \binom{n}{k} = \frac{n!}{(n-k)!\cdot k!}$$

Binomialkoeffizient

möglich ($n = 1$; $2^1 = 2$) – und so fort. Geschrieben wird dies als Klammerausdruck, als *Binomialkoeffizient*; dabei erweist sich jede Zeile des Dreiecks als eine *Binärpotenz*. Aus der Schule bekannt sind die *Binomischen Formeln* ($n = 2$) als Sonderfall von Ausdrücken beliebiger Ordnung ($n \geq 0$; $n \to \infty$). Deren Koeffizienten (lat. coefficio, zusammen wirken) sind die Zahlen des Dreiecks. Diejenigen im Inneren des Dreiecks sind leicht zu errechnen; sie sind stets die Summen der beiden jeweils rechts und links darüber befindlichen Zahlen (Abb. 3.4). Nähere Betrachtung der „Schrägen" offenbart diese als die gerade behandelten Summenfolgen (wovon es demzufolge unendlich viele gibt), angefangen mit der Einsfolge ganz außen. Jede Folge hat eine eigene Bildungsvorschrift; da die Folgen der „Schrägen" alle durch Gesetzmäßigkeiten verbunden sind, lässt sich eine allgemeine Bildungsvorschrift angeben (Kraus, 2023). Werden die zugrunde liegenden Zusammenhänge nun bildlich dargestellt, zeigt sich etwas Vertrautes (Abb. 3.5): Diese Summenfolgen sind Sonderfälle von *Funktionen* (die später noch abgehandelt werden). Die Form der Kurve und ihr Anstieg werden vom Grad der Gleichung bestimmt.

Mit recht einfachen Mitteln lassen sich aus Folgen zudem Begriffe von Grenzen herleiten (Abb. 3.6). Dazu dienen hier die oben kurz erwähnten *impliziten/iterativen/rekursiven* Bildungsvorschriften, die auf einer Rückkopplung beruhen. Diese hier sind die einfachsten: Ein Anfangswert wird in die Gleichung eingesetzt, das Ergebnis wird wiederum in die Gleichung eingesetzt, … und so fort. Anhand von vier einfachen Fällen ergeben sich wesentliche Unterscheidungen:

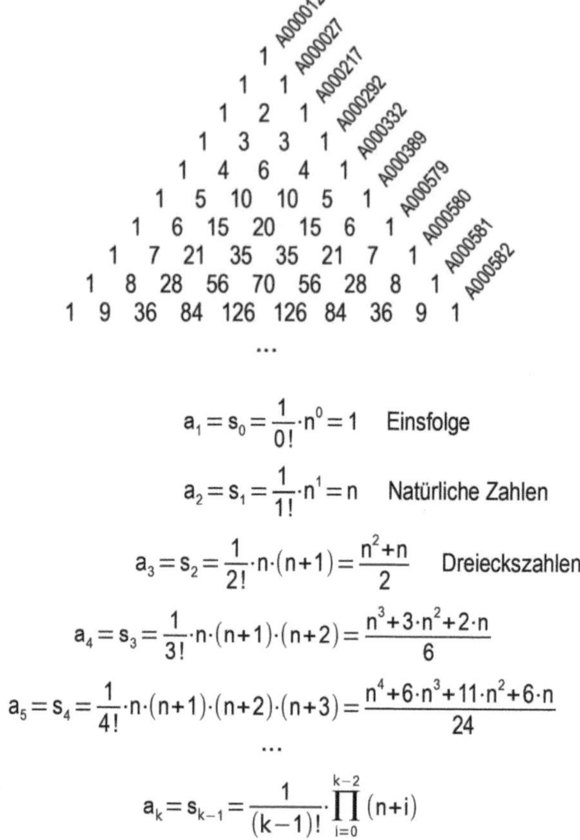

Abb. 3.4 Binomisches Theorem (2)

$$a_1 = s_0 = \frac{1}{0!} \cdot n^0 = 1 \quad \text{Einsfolge}$$

$$a_2 = s_1 = \frac{1}{1!} \cdot n^1 = n \quad \text{Natürliche Zahlen}$$

$$a_3 = s_2 = \frac{1}{2!} \cdot n \cdot (n+1) = \frac{n^2+n}{2} \quad \text{Dreieckszahlen}$$

$$a_4 = s_3 = \frac{1}{3!} \cdot n \cdot (n+1) \cdot (n+2) = \frac{n^3+3 \cdot n^2+2 \cdot n}{6}$$

$$a_5 = s_4 = \frac{1}{4!} \cdot n \cdot (n+1) \cdot (n+2) \cdot (n+3) = \frac{n^4+6 \cdot n^3+11 \cdot n^2+6 \cdot n}{24}$$

$$\ldots$$

$$a_k = s_{k-1} = \frac{1}{(k-1)!} \cdot \prod_{i=0}^{k-2} (n+i)$$

Folge (alternierend). Eine Zahl (Anfangswert $a_0 = 1$) wird um Eins vermehrt, die Summe durch die ursprüngliche Zahl geteilt; wiederholte Anwendung führt zu den Ergebnissen 1; 2; 1,5; 1,666 …; 1,6; 1,625; 1,615 …; 1,619 …; 1,617 …; 1,618 … Sie nähern sich von oben und unten abwechselnd (lat. *alterno*, abwechseln) einem Grenzwert (lat. *limes*). Es ist die Zahl, die für den Goldenen Schnitt steht (dazu später mehr). Die zugrunde liegende Zahlenfolge 1; 2; 3; 5; 8; 13; 21; 34; 55; 89; … (OEIS A000045) wurde bekannt durch ein Lehrbuch (*Liber abaci*, 1202/1228) des *Leonardo von Pisa* (*1170?, †1240?), genannt *Fibonacci* (*filius Bonacci*, Sohn des *Bonacci*).

Folge (konvergent). Eine Zahl wird durch die Summe aus ihr selbst und Eins geteilt (der eben benutzte Term wurde schlicht umgekehrt). Bei wiederholter Anwendung nähern sich die Ergebnisse wieder einem Grenzwert, hier offenkundig Null, aber nur von einer Seite (lat. *con-vergo*, zusammenstreben).

Abb. 3.5 Grad von
Summenfolgen

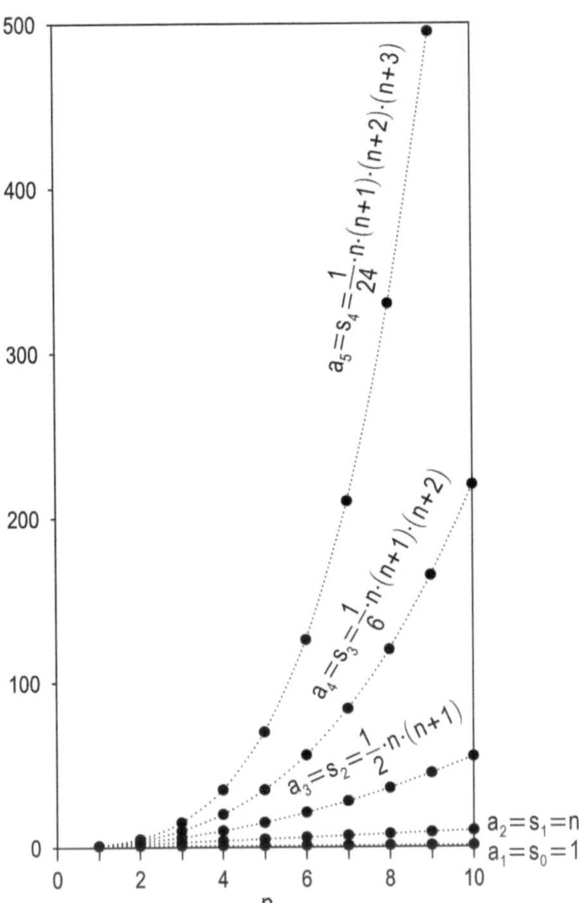

Folge (divergent). Wird eine Zahl immer um Eins vermehrt, entspricht das dem
Zählen: Die Folge wächst gleichmäßig ins Unendliche. Mit anderen Worten ist
die Summenfolge der natürlichen Zahlen nicht begrenzt (lat. *di-vergo*,
auseinanderstreben).

Folge (konstant). Ist in einer Folge jedes Glied so groß wie das vorherige, wächst
die Folge nicht und strebt auch nicht gegen einen Grenzwert (lat. *constantia*, Be-
ständigkeit, Gleichmäßigkeit)

Grenzwerte ergeben sich also bereits aus einfachen Zusammenhängen. In früheren Jahrzehnten, als Taschenrechner gebräuchlich waren, haben vermutlich viele
Kinder spielerisch Grenzwerte gefunden: Was passiert, wenn man eine große Zahl
eingibt und immer wieder halbiert? Wie geht das mit der Wurzel? Im ersten Fall er-

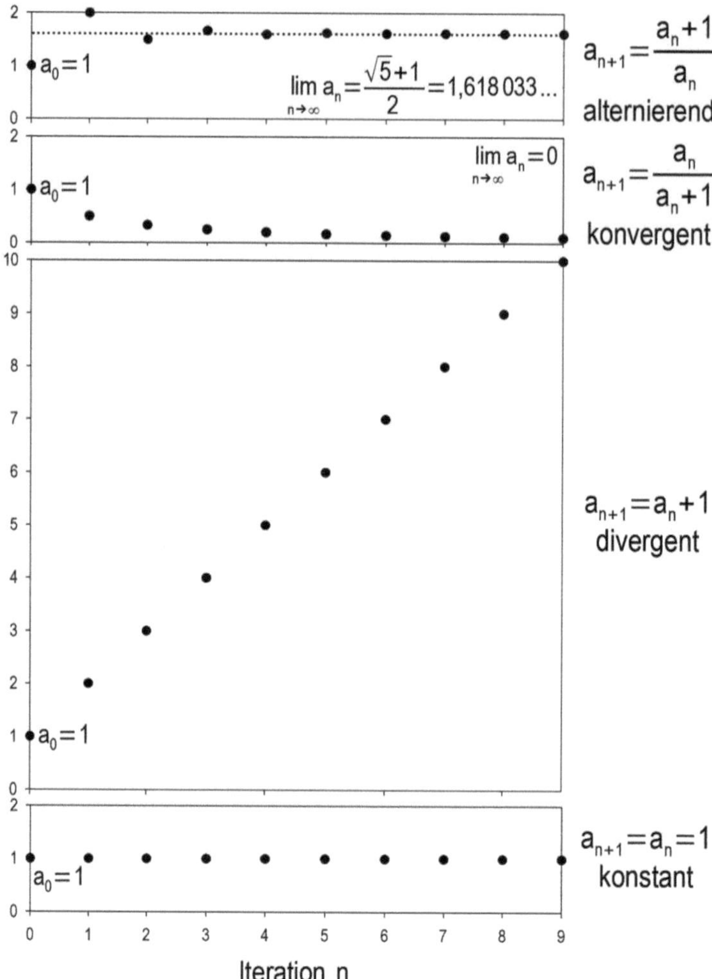

Abb. 3.6 Grenzwerte von Folgen

scheint eine Null in der Anzeige, im zweiten eine Eins. Warum ist das so? Die Abbildung zeigt die Herleitung kurz und knapp (Abb. 3.7): Im ersten Fall führt wiederholtes (n-maliges) Halbieren einer Zahl a > 0 über einige Umformungen zum Grenzwert für unendlich viele Halbierungen (wird der Nenner eines Bruchs größer, wird der gesamte Bruch kleiner). Im zweiten Fall erbringt das Umformen schlicht die Eins. Und aus diesen allgemeinen Anmerkungen ergibt sich nun die Frage nach der Darstellung von Folgen und Reihen in räumlich-zeitlichen Zusammenhängen.

Abb. 3.7 Erinnerung an frühere Zeiten Taschenrechner und Grenzwerte. (Kraus, 2024)

Literatur

Dilke, O. A. W. (1991). *Mathematik, Maße und Gewichte in der Antike*. Philipp Reclam jun.

Kraus, M. H. (2023). *Kompaktkurs Kombinatorik. Gezählt, verteilt und wohlgeordnet*. Springer.

Kraus, M. H. (2024). *Diesseits und Jenseits. Mathematik und Phänomenologie der Grenze*. Springer.

Stopple, J. (2003). *A primer of analytic number theory*. Cambridge University Press.

Trapp, W., & Wallerus, H. (2006). *Handbuch der Maße, Zahlen, Gewichte und der Zeitrechnung*. Philipp Reclam jun.

Whitelaw, I. (2007). *A measure of all things*. Davod & Charles.

Ausdehnungen und Darstellungen 4

Zusammenfassung

Die Begriffe von Dimensionalität und Metrik sind wesentlich für die Beschreibung rechnerischer und zeichnerischer Gebilde, nicht zuletzt auch für die Einführung von Koordinatensystemen.

Dimensionalität ist ein viel beanspruchter und daher ein oft missverstandener, mitunter leichtsinnig verwendeter Begriff (lat. *dimensio*, Ausdehnung, Erstreckung). Er ist wichtig in der *Analysis*, geht es doch um Ausdehnungen und Erstreckungen räumlicher, zeitlicher oder sonstiger Art, die es zu verstehen und zu berechnen gilt. Ein Punkt (oder eine Zahl) hat keine Ausdehnung; das entspricht einer *Dimensionalität* des Werts Null (D_0). Zahlen können gereiht werden, gegebenenfalls geordnet, etwa nach der Größe. Eine Reihung, insbesondere als Liste oder Aufzählung, hat immerhin schon eine Ausdehnung (D_1). Flächengebilde haben zwei Ausdehnungen (D_2), Raumgebilde deren drei (D_3); im einfachsten Fall ergeben sich so Länge, Bereite und Höhe von Körpern. Nachfolgend soll als *Dimensionalität* somit die Zahl der nicht voneinander abhängigen Richtungen verstanden werden, die nötig sind, um das jeweilige Gebilde zu beschreiben. Das entspricht dem nach wie vor in der Schule vermittelten Denkansatz des griechischen Gelehrten *Euklid* (*365?, †300?). Im 19. Jahrhundert wurde dieser erweitert durch *Bernhard Riemann*, letzter Schüler von *Carl Friedrich Gauß*: Es sind beliebige höhere Gebilde denkbar.

So kann als vierte Ausdehnung (D_4) einerseits als Zeit verstanden werden (Abb. 4.1); das führt zur Raumzeit im Sinne der Arbeiten von *Albert Einstein* (*1879, †1955): Entlang der vierten Richtung erstreckt sich dann die Reihung von Vergan-

M. H. Kraus, S. Wagner, *Kompaktkurs Analysis*,
https://doi.org/10.1007/978-3-662-72383-8_4

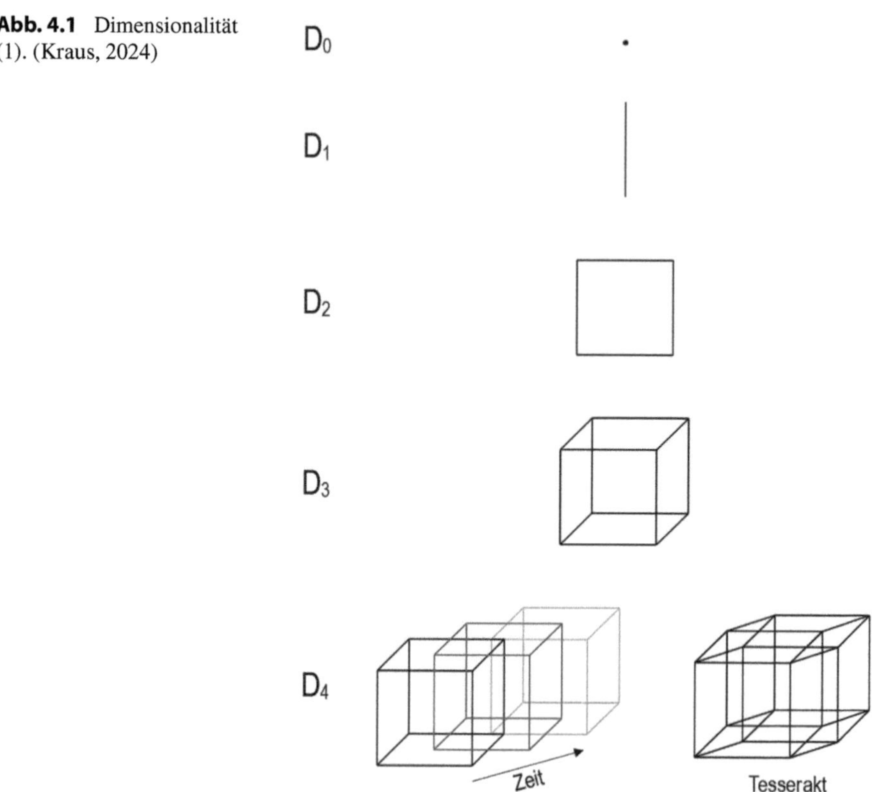

Abb. 4.1 Dimensionalität (1). (Kraus, 2024)

genheit, Gegenwart und Zukunft. Die nächsthöhere Ausdehnung (D_5) könnte somit eine aufgefächerte Möglichkeitsvielfalt sein, die bei zeitlicher Annäherung in eine punktförmige Wirklichkeit zusammenfällt. Wird andererseits nicht zeitlich, sondern „über-räumlich" weitergedacht, entsteht der *Tesserakt* (griech. *tesseres aktines*, vier Strahlen). Und damit muss das Denken keinesfalls enden: Die nicht-zeitabhängige Abfolge von Mannigfaltigkeiten folgt bestimmten Gesetzen (Abb. 4.2); diese ermöglichen es, für die Gebilde (für die es im alltäglichen Sprachgebrauch keine Namen gibt), die jeweilige Zahl der Ecken, Kanten oder Flächen zu bestimmen (Kaku, 1999/1994; Pickover, 2001/1999).

Mag auch vieles berechenbar sein, ist es nicht zwingend vorstellbar oder gar darstellbar. *Analysis* gesellt einer an sich schon schwierigen Denkleistung eine zweite hinzu: Hat ein Punkt keine Höhe, Breite, Dicke, lässt sich nach alltagsüblichem Verständnis aus vielen Punkte keine Kurve zusammensetzen, geschweige eine Fläche oder ein Körper – selbst wenn unendlich viele Punkte dazu verwendet werden. Umgekehrt wird davon ausgegangen, dass eine Gerade aber aus unendlich vielen solcher Punkte „besteht". Das Unbehagen wird nun geheilt durch die Annahme, dass sich Kurven, Flächen oder Körper in sehr viele, eben fast unendlich viele, sehr kleine, eben fast unendlich kleine Teile zerlegen lassen.

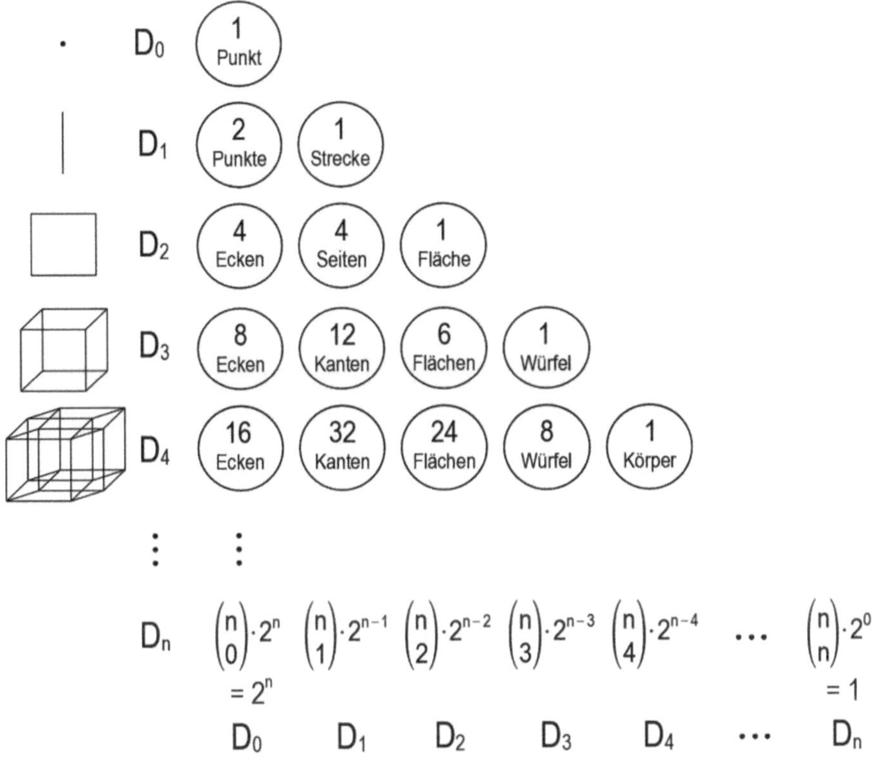

Abb. 4.2 Dimensionalität (2). (Kraus, 2024)

Was sich nicht in den alltäglichen Lebenswelten wiederfindet oder sich der sinnlichen Wahrnehmung entzieht, erfordert ohnehin etwas Aufwand. Auf einem Blatt Papier oder einem Bildschirm (D_2) können naturgemäß nur einfache Gebilde (D_0, D_1, D_2) ohne Verzerrungen gezeigt werden. Bei höheren Gebilden ist etwas Übung nützlich; so entstehen sogar *Koordinatensysteme* (lat. *co-ordinare*, zuordnen) mit vier Raumrichtungen (Abb. 4.3). Auch im Alltag sind raumzeitliche Abbildungen möglich (Kraus, 2024): Eine Reihe von Aufnahmen einer Wasseroberfläche, auf die ein Stein trifft, wird mit ihren nach außen strebenden Wellen zum Film. Und die ersten *Mobilitätsprofile*, vom schwedischen Geografen *Torsten Hägerstrand* (*1916, †2004) vor über 50 Jahren aus Befragungen und Beobachtungen entwickelt, waren letztlich Landkarten, aufgeschichtet in zeitlicher Abfolge.

Räumlichkeit oder Über-Räumlichkeit (*Multidimensionalität*) zeigt sich an verschiedenen Stellen. So ist das bereits verwendete und aus der Schule bekannte *Binomische Theorem* beliebig erweiterbar (Abb. 4.4): Ein weiterer Term führt zum *Trinomischen Theorem*, erzeugt also weitere Teilungen in den Raumrichtungen, während die jeweilige Potenz deren Zahl bestimmt.

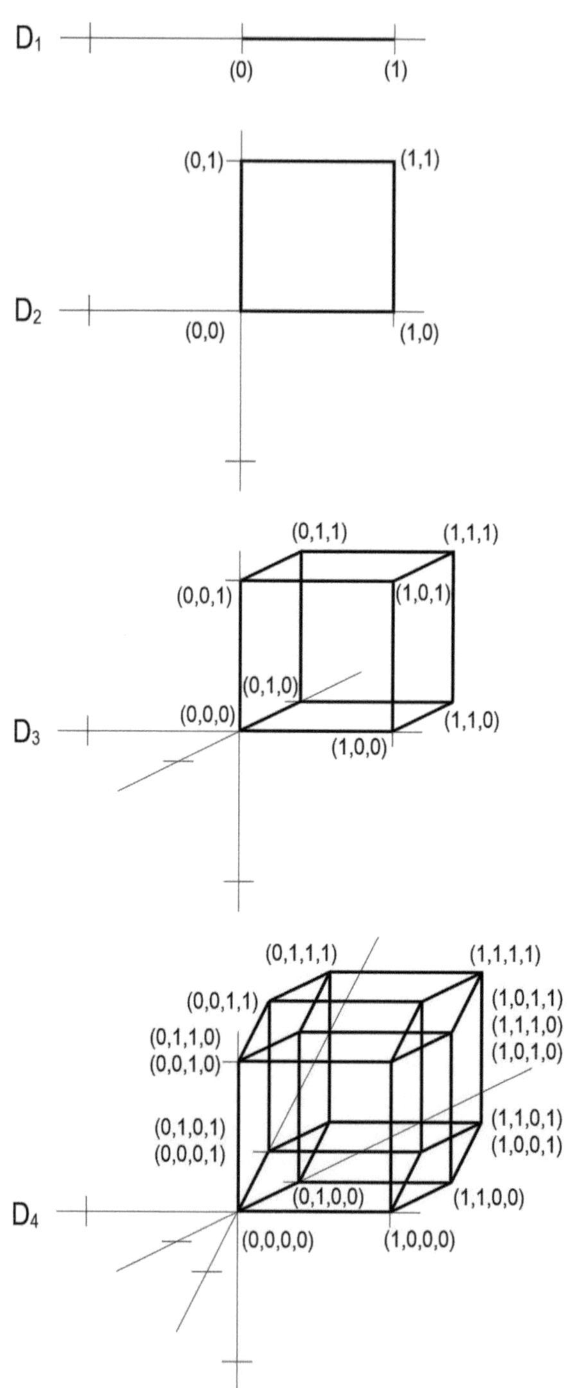

Abb. 4.3 Dimensionalität (3)

Abb. 4.4 Binomisches und Trinomisches Theorem

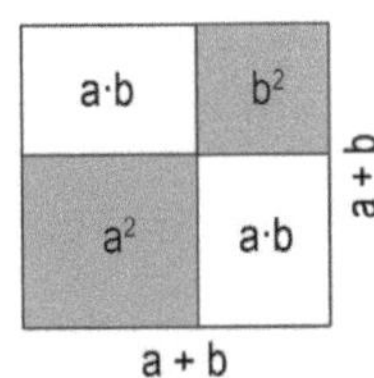

$(a + b)^2 = a^2 + 2{\cdot}a{\cdot}b + b^2$

$2^2 = 4$ Teilflächen

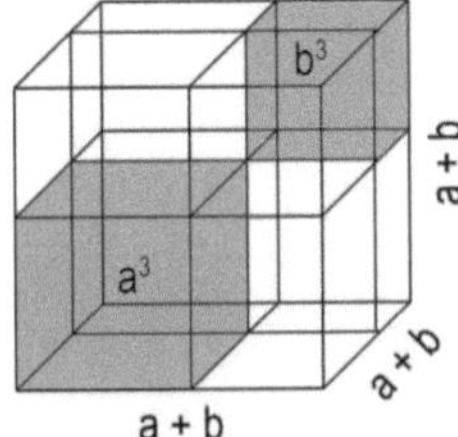

$(a + b)^3 = a^3 + 3{\cdot}a^2{\cdot}b + 3{\cdot}a{\cdot}b^2 + b^3$

$2^3 = 8$ Teilkörper

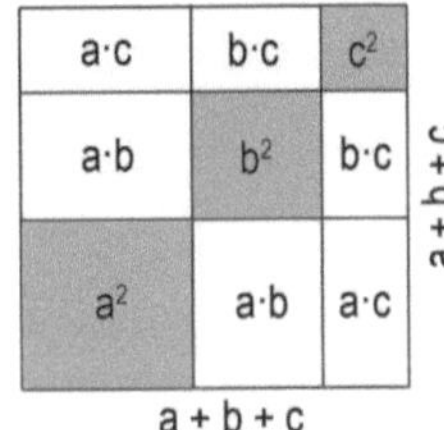

$(a+b+c)^2 = a^2 + b^2 + c^2$
$+ 2{\cdot}(a{\cdot}b + a{\cdot}c + b{\cdot}c)$

$3^2 = 9$ Teilflächen

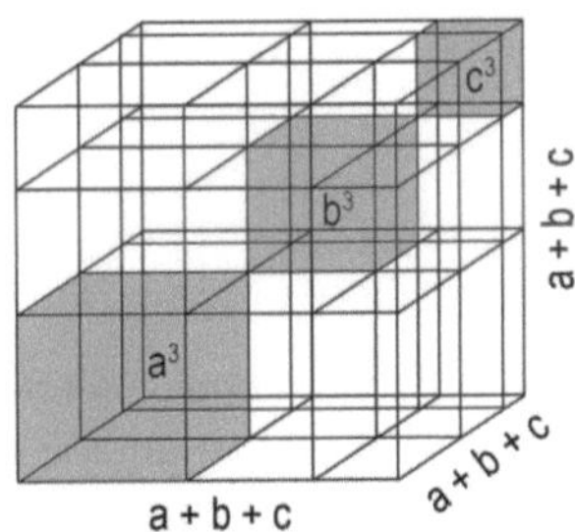

$(a+b+c)^3 = a^3 + b^3 + c^3$
$+ 3{\cdot}(a^2{\cdot}b + a{\cdot}b^2$
$+ a^2{\cdot}c + a{\cdot}c^2 + b^2{\cdot}c + b{\cdot}c^2)$
$+ 6{\cdot}a{\cdot}b{\cdot}c$

$3^3 = 27$ Teilkörper

Anmerkung (Multinomisches Theorem): Das Multinomische Theorem, das alle Herleitungen der Form $(a_1 + a_2 + \dots + a_{n-1} + a_n)^m$ für beliebige ganzzahlige m, n umfasst, verbindet in Sachen Rechenverfahren, Darstellung und Anwendungen die Gebiete Arithmetik, Algebra, Geometrie und Kombinatorik. Es kann hier aus Platzgründen leider nicht gezeigt werden.

In diesem Buch werden vorrangig die ebenen, rechtwinkligen *Cartesischen Koordinatensysteme* verwendet (benannt nach *Renè Descartes*, aber schon vorher gebräuchlich). Sie sind nützlich und werden wie auch die Zahlengeraden, aus denen sie hervorgehen, bezüglich ihrer Aussagekraft unterschätzt (Abb. 4.5). Der Begriff

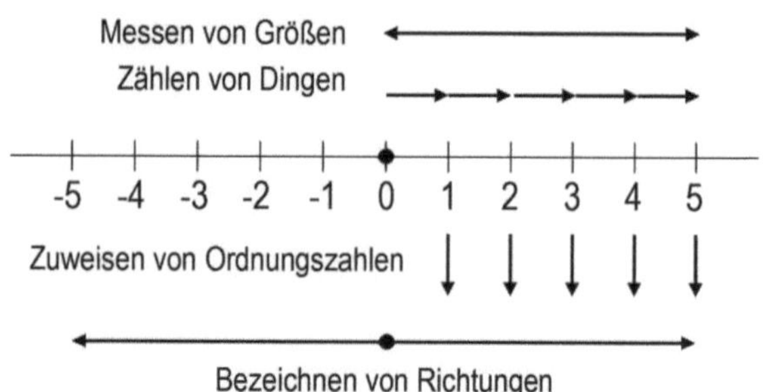

Abb. 4.5 Zahlengerade und Cartesisches Koordinatensystem

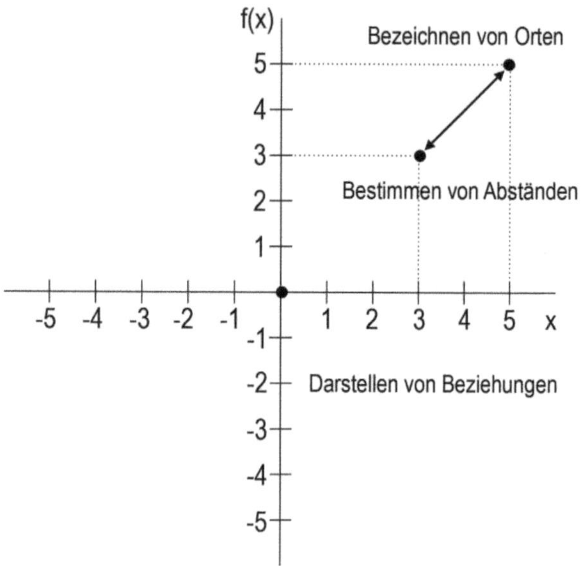

der *Metrik* (griech. *metron*, Größe, Maß) bezeichnet die Möglichkeit, einen Abstand angeben zu können (Abb. 4.6). Es geht dabei um die Unterscheidbarkeit von Punkten/Orten (erst daraus ergibt sich die Möglichkeit, Richtungen und Abstände anzugeben, um etwa Bewegungen zu beschreiben). Die Abbildung zeigt das *Cartesische Koordinatensystem* als einen Sonderfall unter vielen, denn die Achsen (Raumrichtungen) müssen nicht zwingend rechtwinklig angeordnet sein (und der Satz des *Pythagoras* erweist sich dabei als Sonderfall des *Cosinussatzes*). Alles in allem ist es wichtig zu verstehen, dass die Inhalte dieses Buchs meist an ebenen Gebilden erklärt werden, die entsprechenden Gesetzmäßigkeiten aber auch in höheren, mannigfaltigen Raumgebilden gelten.

Abb. 4.6 Begriff der Metrik. (Kraus, 2024)

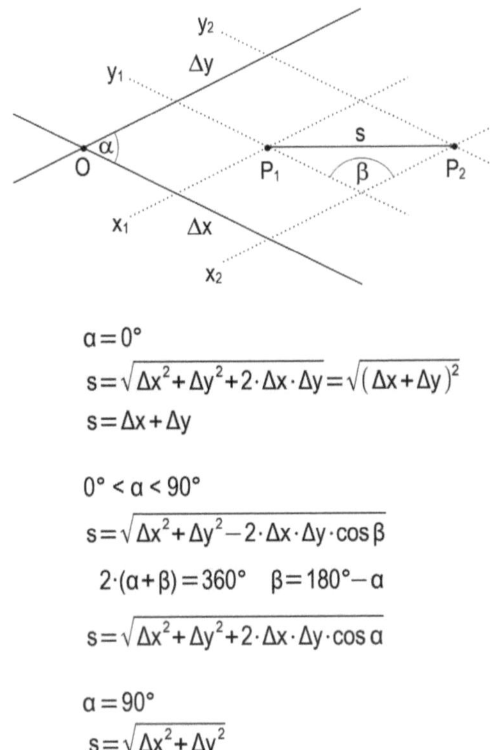

$$\alpha = 0°$$
$$s = \sqrt{\Delta x^2 + \Delta y^2 + 2 \cdot \Delta x \cdot \Delta y} = \sqrt{(\Delta x + \Delta y)^2}$$
$$s = \Delta x + \Delta y$$

$$0° < \alpha < 90°$$
$$s = \sqrt{\Delta x^2 + \Delta y^2 - 2 \cdot \Delta x \cdot \Delta y \cdot \cos \beta}$$
$$2 \cdot (\alpha + \beta) = 360° \quad \beta = 180° - \alpha$$
$$s = \sqrt{\Delta x^2 + \Delta y^2 + 2 \cdot \Delta x \cdot \Delta y \cdot \cos \alpha}$$

$$\alpha = 90°$$
$$s = \sqrt{\Delta x^2 + \Delta y^2}$$

Bemerkungen über *Dimensionalität* und *Metrik* lassen sich anschaulich an einem Körper verdeutlichen: Der Würfel beispielsweise ist ein Sonderfall eines *Parallelepipeds*, eines Gebildes mit zwölf gleich langen Kanten (Abb. 4.7); die sechs Flächen sind Rhomben (von denen Quadrate wiederum Sonderfälle sind). In einem Gedankenversuch wird so ein Würfel an zwei sich am weitesten gegenüber liegenden Ecken auseinandergezogen. Es entsteht ein schmales, langes Gebilde und daraus letztlich eine Strecke. Das Zusammenfalten lässt den Rauminhalt und die Oberfläche schwinden; die Faltung führt also allmählich vom Körper (D_3) zur Strecke (D_1). Diese hat die dreifache ursprüngliche Kantenlänge (Kraus, 2024). Der Gedankenversuch entspricht dem eben gezeigten zur Metrik: Übergänge sind fließend. Ferner erweist sich, dass sich Größen mitunter nur innerhalb bestimmter, gut begründbarer Grenzen verändern – hier gezeigt an der Raumdiagonale und dem Flächeninhalt.

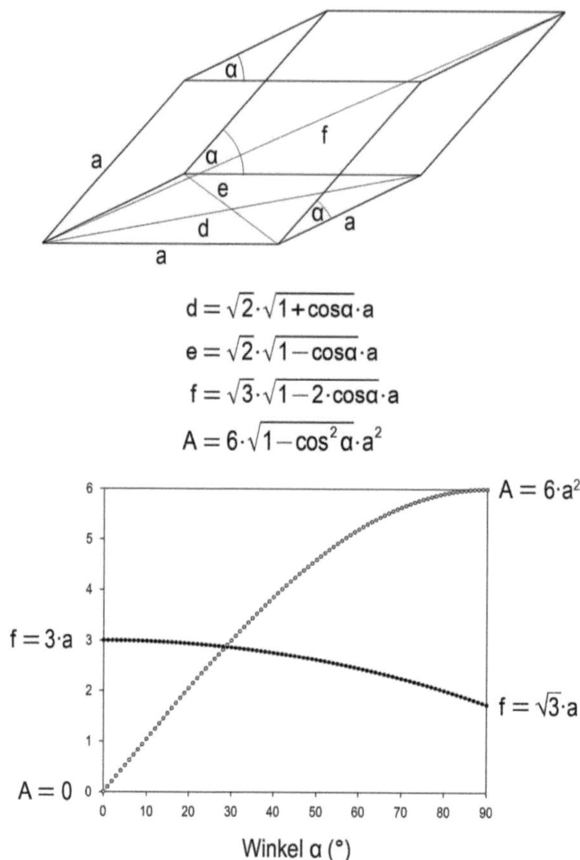

$$d = \sqrt{2} \cdot \sqrt{1 + \cos\alpha} \cdot a$$

$$e = \sqrt{2} \cdot \sqrt{1 - \cos\alpha} \cdot a$$

$$f = \sqrt{3} \cdot \sqrt{1 - 2 \cdot \cos\alpha} \cdot a$$

$$A = 6 \cdot \sqrt{1 - \cos^2\alpha} \cdot a^2$$

Abb. 4.7 Zusammenfalten eines Parallelepipeds. (Kraus, 2024)

Literatur

Kaku, M. (1999/1994). *Hyperspace*. Oxford University Press.
Kraus, M. H. (2024). *Diesseits und jenseits. Mathematik und Phänomenologie der Grenzen*. Springer.
Pickover, C. A. (2001/1999). *Surfing through Hyperspace*. Oxford University Press.

Die Null, das Nichts und das sehr Kleine: Teilungen $\qquad$ 5

Zusammenfassung

Analysis wirkt in einem Spannungsfeld: Wechsel zwischen Kontinuum und Dis-Kontinuum müssen gedacht werden. Wie aber sind Strecken, Flächen, Körper teilbar? Und was ist eine unendlich kleine Größe?

Analysis bedient sich verschiedener Teilungen von Strecken (D_1), Flächen (D_2), Körpern (D_3) oder überräumlichen Gebilden ($D_4 \dots D_n$). Das erfordert einerseits, sich mit der Null und ihrer Bedeutung in Berechnungen zu befassen, andererseits mit Teilungen im weitesten Sinn. Dies wiederum führt zur Null und zur Unendlichkeit als den beiden Grenzen des Denkens, insofern es um diesen Ansatz geht. Beide Grenzen des Denkens sind, was kaum verwundert, nicht nur in der *Mathematik*, *Physik*, *Kosmologie*, sondern auch in der *Philosophie* ergiebige Untersuchungsgegenstände (Maor, 1991; Barrow, 2000, 2005; Kaplan, 2000; Kaplan & Kaplan, 2003; Seife, 2000; Clegg, 2003; Wallace, 2003).

Das Rechnen mit der Null erscheint zunächst wenig spannend, geht es um *Addition, Subtraktion, Multiplikation* (Abb. 5.1). Hingegen wird *Division* durch Null zumeist als nicht möglich/nicht erklärt abgetan. Das ist wenig befriedigend und lässt sich mit Betrachtungen zu Grenzwerten vermeiden: Wird ein Ganzes in viele gleiche Teile geteilt, werden diese Teile mit der Feinheit der Teilung, also der Anzahl der Teilungen, immer kleiner; umgekehrt werden die Teile größer mit abnehmender Zahl der Teilungen. Die Eins ist dabei eine wichtige Grenze: Ein Ganzes, durch Eins geteilt, bleibt ein Ganzes. Es handelt sich um eine *Anti-Proportionalität* (lat. *pro portione*, nach dem angemessenen Verhältnis). Wird ein Ganzes durch eine sehr große, fast unendlich große Zahl geteilt, führt das zu sehr vielen, fast unendlich vielen Teilen. Es ist Übungssache, sich nun Teilungen durch Zahlen kleiner als Eins vorzustellen, aber in der Bruchrechnung gelingt das durchaus. Wird also ein Ganzes durch eine sehr kleine, fast unendlich kleine Zahl geteilt, muss etwas sehr Großes

M. H. Kraus, S. Wagner, *Kompaktkurs Analysis*, https://doi.org/10.1007/978-3-662-72383-8_5

Abb. 5.1 Rechnen mit
der Null

Addieren, Subtrahieren

$$a+0=0+a=a \qquad 0+0=0$$

$$a-0=a$$
$$0-a=-a \qquad 0-0=0$$

Multiplizieren, Dividieren

$$a\cdot 0=0\cdot a=0 \qquad 0\cdot 0=0$$

$$\frac{a}{0}=\lim_{n\to\infty}\frac{a}{\frac{1}{n}}=\lim_{n\to\infty}a\cdot n=a\cdot\lim_{n\to\infty}n=\infty$$

$$\frac{a}{0}=x \quad a=0\cdot x=0$$

$$\frac{0}{a}=\lim_{n\to\infty}\frac{\frac{1}{n}}{a}=\lim_{n\to\infty}\frac{1}{a\cdot n}=\frac{1}{a}\lim_{n\to\infty}\frac{1}{n}=0$$

$$\frac{0}{0}=\lim_{n\to\infty}\frac{\frac{1}{n}}{\frac{1}{n}}=\lim_{n\to\infty}\frac{n}{n}=1$$

Potenzieren, Radizieren, Logarithmieren

$$a^0=\frac{a^n}{a^n}=a^{n-n}=1 \qquad a\neq 0$$

$$0^a=0 \quad 0^0=0 \quad 0^0=1$$

$$\sqrt[0]{a}=a^{\frac{1}{0}}=a^\infty=\infty$$

$$\sqrt[0]{0}=0^{\frac{1}{0}}=0^\infty=0$$

$$\log_a a^0=\log_a 1=0$$

entstehen. Da der Grenzwert des unendlich Kleinen die Null ist, muss das Ergebnis der Bemühungen also unendlich groß sein. Eine Zahl durch Null zu teilen, führt also ins Unendliche (ein anderes Ergebnis, eine Zahl, anzunehmen, führt wie in grau gezeigt, zu einem Widerspruch).

Es geht wohlgemerkt um eine Annäherung an Grenzwerte, die nie erreichbar, aber als Gedankengebilde sehr nützlich sind. Und wird gefragt nach Annäherungen an das sehr Kleine, an die Null, ist dabei die Folge $a_n = 1/n$ hilfreich, wobei n immer größer und die Folgenglieder zwangsläufig immer kleiner werden. Damit lässt sich auch der Ausdruck 0/0 untersuchen. Weitere Rechenregeln sind über die bekannten Rechengesetze herleitbar. Eine Lehre für die weitere Arbeit ist trotzdem, sogenannte unbestimmte Ausdrücke wie 0/0 oder 0^0 zu meiden oder vielmehr, sie durch andere zu ersetzen; dazu folgt später eine Handlungsanleitung.

Diese Gedanken wiederum ermöglichen neue Blicke auf Teilungen. Zahlen (D_1) können zerlegt werden, insbesondere natürliche Zahlen durch *Partition* (lat. *partitio*, Teilung). Und diese wiederum kann mehrere Ausdehnungen erschließen (Abb. 5.2): In der Abbildung steht jeder Würfel für eine Eins (jede natürliche Zahl kann wie erwähnt aus der Einsfolge erzeugt werden). Auf der linken Seite der Abbildung werden die Zahlen in zwei Ausdehnungen zerlegt (rechts, oben); die

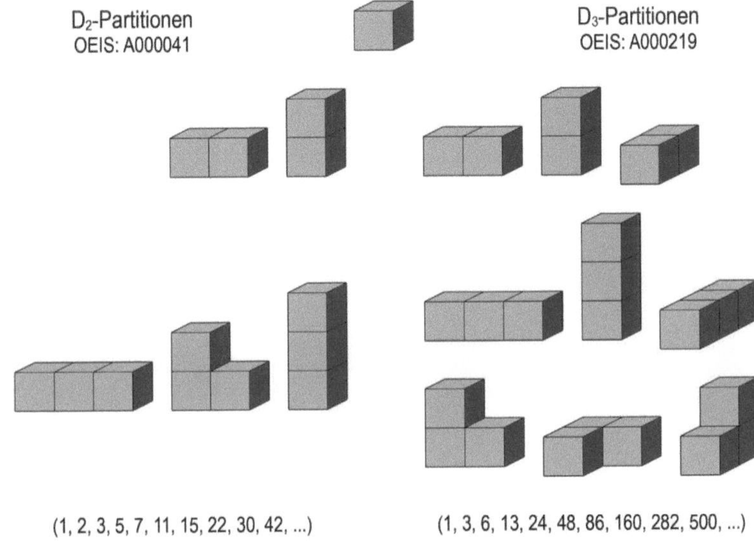

Abb. 5.2 Aufteilung natürlicher Zahlen (Partition)

Zwei nach $2 = 1 + 1$ und die Drei nach $3 = 2 + 1 = 1 + 1 + 1$. Auf der rechten Seite werden die Zahlen in drei Ausdehnungen zerlegt (rechts, oben, vorn). Nach dem bisher Dargestellten kann es nicht überraschen, dass die Partitionen selbst Folgen ergeben.

Eine Strecke oder Fläche (D_1, D_2) ist mit beliebigen Verfahren teilbar (Abb. 5.3). In der Abbildung ist ganz oben die Teilung nach dem Goldenen Schnitt (lat. *proportio divina*, Göttliches Verhältnis) gezeigt (Livio, 2003). Aus der Verhältnisgleichung ergibt sich $x^2 + x - 1 = 0$, woraus die aus der Schule bekannte Lösungsformel das zahlenmäßige Verhältnis beider Teilstrecken liefert. Darunter erscheint in der Abbildung die bereits in der Antike bekannte Teilung, das schon erwähnte *Zenon-Paradox*; sie ermöglicht nebenbei ein Normieren beliebiger Strecken. Die beiden unteren Beispiele zeigen die fortlaufende Halbierung (*Binär-/Dualsystem*) und die fortlaufende Zehntelung (*Dezimalsystem*). Diese stehen nicht nur für die wichtigsten Stellenwertordnungen, sondern ermöglichen, nach klaren Regeln gleich große Teile zu erzeugen und dabei zwischen beliebigen Größenordnungen zu wechseln. Und solche Beispiele zeigen wiederum, dass Teilungen möglich sind, ohne gebrochene Zahlen zu verwenden (Stopple, 2003): Immer feinere Teilung geschieht durch – beispielsweise – fortlaufende Zehntelung; das ermöglicht *Reskalierung* und *Renummerierung*. Stellenwertordnungen sind selbstähnlich: Vergrößerungen oder Verkleinerungen liefern immer gleichartige Abbildungen (dass sich Zahlen wie e oder π so nicht ableiten lassen, muss hier jedoch erwähnt werden).

Sollen Flächen geteilt werden, gibt es ebenfalls viele Möglichkeiten; die schon erwähnte *Exhaustionsmethode* etwa gelingt mit Dreiecken ebenso wie mit Vierecken. In der Analysis geht es, sofern Flächengebilde im *Cartesischen*

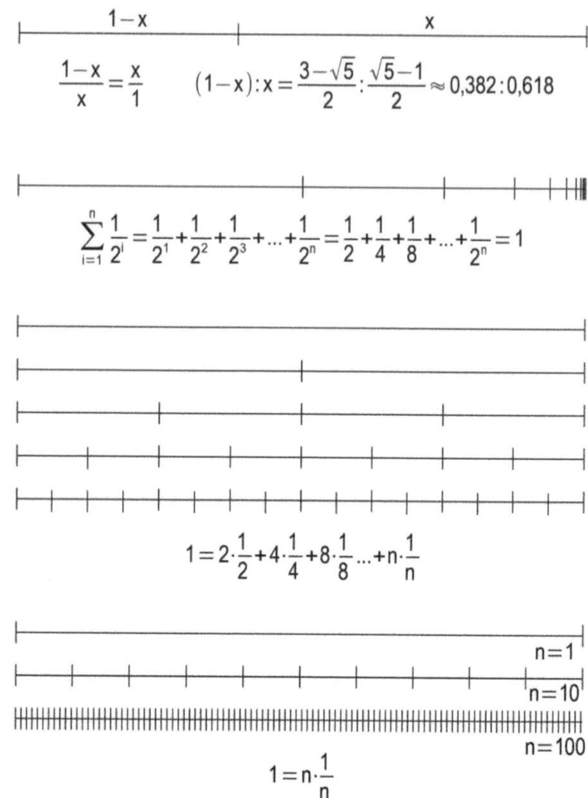

Abb. 5.3 Teilung einer Strecke mit t Zahl der Teilungen

Koordinatensystem untersucht werden (D₂), zunächst um Flächen unter Kurven. Hier sind zunächst Teilungen in Streifen sinnvoll (Abb. 5.4). Die beiden oberen Abbildungen zeigen die aus der Schule bekannte Teilung in rechteckige Streifen: Hier sind die Ober- und die Untersumme aus den entstehenden Rechtecken zu bilden, deren Grenzwerte von beiden Seiten dem tatsächlichen Wert zustreben. Diese Doppelarbeit kann vermieden werden mit der darunter gezeigten und nachfolgend in diesem Buch angewendeten *Trapezmethode*. Und auch die Teilung in Kästchen/ Raster (Quadrate), ganz unten gezeigt, hat ihren Sinn: Vor der Zeit des maschinellen Rechnen wurden oft die Kästchen des verwendeten Papiers ausgezählt, um Flächen zu bestimmen; heute ist die Rasterung von Bildern (*Pixel*) ein wichtiges Merkmal, um Auflösung/Schärfe, Farbwert, Helligkeit oder Kontrast zu beurteilen: Flächendichte ist hier das Stichwort.

Die Teilung von Flächen oder Körpern verhilft zu Einsichten in weitere Gesetzmäßigkeiten (Abb. 5.5): Es gibt Zusammenhänge zwischen dem Verfahren der Teilung und der Zahl der entstehenden Teilstücke; wer diese kennt, lernt auch etwas über die schon erwähnten über-räumlichen Gebilde, die sich nur schwer darstellen oder vorstellen lassen. Beim *Tesserakt* etwa führen, dass lässt sich aus den Verhältnissen beim Quadrat und Würfel lernen, t regelmäßige Teilungen t zu $(t+1)^4$

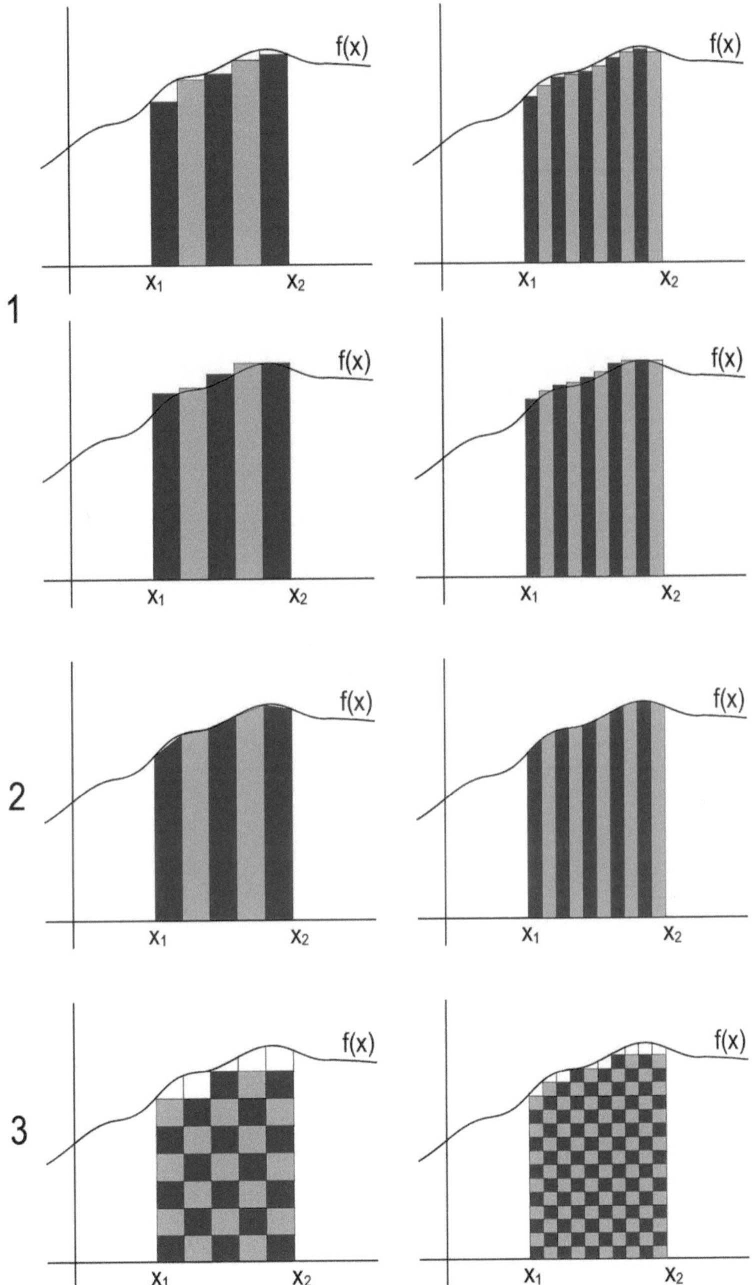

Abb. 5.4 Teilung der Fläche unter einer Kurve. (Kraus, 2024)

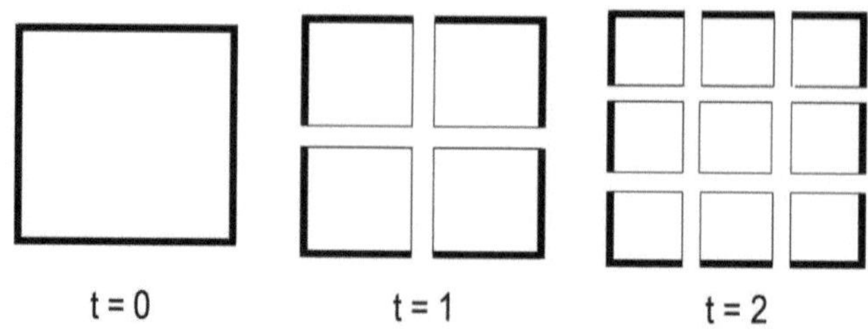

Fläche (D_2)

Markierte Seiten	t = 0	t = 1	t = 2	t = 3	t = 4	t = 5	...	t = n
2 (Ecke)	-	4	4	4	4	4	...	$4 \cdot (t-1)^0$
1 (Kante)	-	-	4	8	12	16	...	$4 \cdot (t-1)^1$
0 (Inneres)	-	-	1	4	9	16	...	$(t-1)^2$
Σ Teile	$1^2 = 1$	$2^2 = 4$	$3^2 = 9$	$4^2 = 16$	$5^2 = 25$	$6^2 = 36$	...	$(t+1)^2$

Körper (D_3)

Markierte Flächen	t = 0	t = 1	t = 2	t = 3	t = 4	t = 5	...	t = n
3 (Ecke)	-	8	8	8	8	8	...	$8 \cdot (t-1)^0$
2 (Kante)	-	-	12	24	36	48	...	$12 \cdot (t-1)^1$
1 (Fläche)	-	-	6	24	54	96	...	$6 \cdot (t-1)^2$
0 (Inneres)	-	-	1	8	27	64	...	$(t-1)^2$
Σ Teile	$1^3 = 1$	$2^3 = 8$	$3^3 = 27$	$4^3 = 64$	$5^3 = 125$	$6^3 = 216$	...	$(t+1)^3$

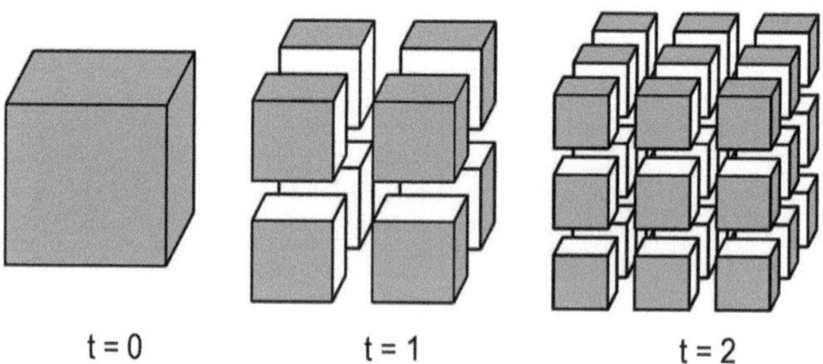

Abb. 5.5 Gesetzmäßigkeiten von Teilungen (1). (Kraus, 2024)

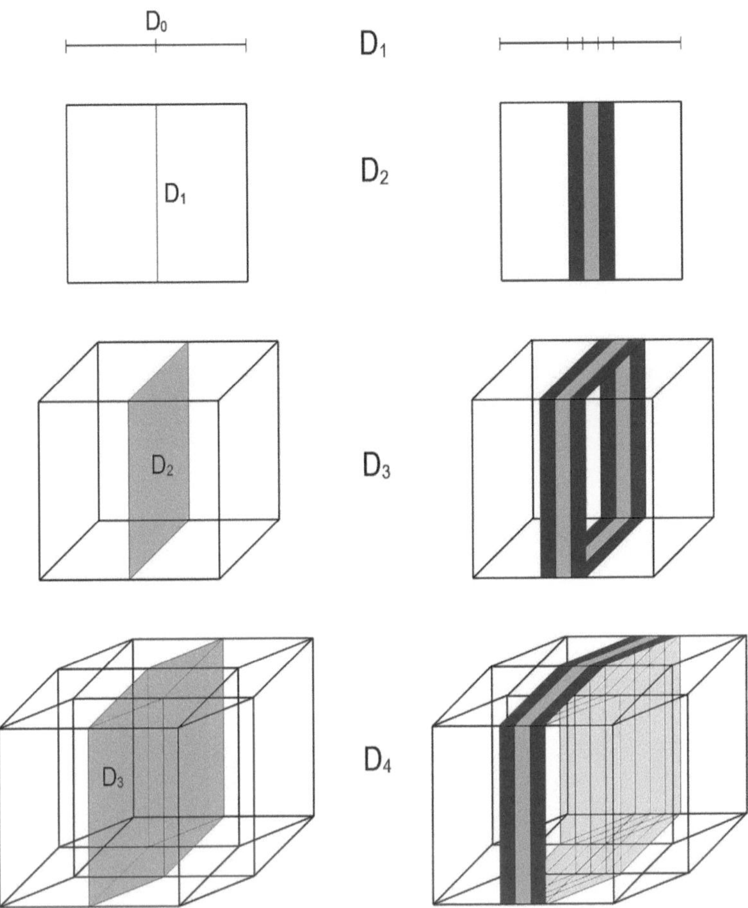

Abb. 5.6 Gesetzmäßigkeiten von Teilungen (2)

Teilkörpern. *Immanuel Kant* entwickelte vor gut 250 Jahren in seiner Schrift „*Von dem ersten Grunde des Unterschiedes der Gegenden im Raum*" sinngemäß folgenden Gedanken: Punkte (*Dimensionalität D_0*) begrenzen oder teilen Strecken (D_1). Strecken begrenzen oder teilen Flächen (D_2), bilden damit ihre Ränder oder Seiten. Flächen wiederum begrenzen Körper (D_3) und so fort. Wer also teilt und wieder zusammenführt (*Analyse – Synthese*), wechselt zwischen *Dimensionalitäten* (Abb. 5.6). Die linke Seite der Abbildung zeigt eine schlichte Halbierung, die andere Seite eine Teilung in Streifen. Ein Gebilde beliebiger Ausdehnung wird also stets geteilt durch ein Gebilde der nächstgeringeren Ausdehnung. Dieser Wechsel der Ordnung kennzeichnet die *Analysis*.

Literatur

Barrow, J. D. (2000). *The book of nothing*. Jonathan Cape.

Barrow, J. D. (2005). *The infinite book*. Vintage/Random House.

Clegg, B. (2003). *Infinity*. Robinson.

Kaplan, R. (2000). *The nothing that is*. Penguin.

Kaplan, R., & Kaplan, E. (2003). *The art of the infinite*. Oxford University Press.

Kraus, M. H. (2024). *Diesseits und jenseits. Mathematik und Phänomenologie der Grenzen*. Springer.

Livio, M. (2003). *The golden ratio*. Crown Publishing/Broadway.

Maor, E. (1991). *To infinity and beyond*. Princeton University Press.

Seife, C. (2000). *Zero*. Souvenir Press/Profile Books.

Stopple, J. (2003). *A primer of analytic number theory*. Cambridge University Press.

Wallace, D. F. (2003). *Everything and more*. Weidenfeld & Nicolson.

Beziehungen und Zusammenhänge $\qquad$ 6

Zusammenfassung

Nun ist es erforderlich, den Begriff der Funktion einzuführen – einschließlich der Möglichkeiten zu ihrer Darstellung. Ein Ablaufplan zur Beschreibung und Untersuchung von Kurven (Kurvendiskussion) wird vorgestellt.

Der Begriff der *Funktion* (lat. *functio*, Besorgung, Verrichtung) erweitert den Begriff der Folge über den Bereich der natürlichen Zahlen hinaus: In einfachsten Fall kann eine veränderliche Größe beliebige Werte annehmen, und eine davon abhängige Größe verändert sich in dadurch; gegebenenfalls sind es sogar mehrere veränderliche und abhängige Größen mit sich überlagernden Wechselbeziehungen. Dabei geht es nicht mehr nur, wie bei einer Folge, um natürliche Zahlen – sondern um beliebige Zahlen aus allen Zahlenbereichen. Eine *Funktion* zeigt also einen Zusammenhang zwischen einer Verlaufsgröße (nicht selten handelt es sich dabei um Zeiten oder Orte/Abstände) und einer Bezugsgröße. Die erstgenannten Größen werden im *Cartesischen Koordinatensystem* üblicherweise auf die x-Achse gelegt, die letztgenannten auf die y-Achse.

Eine gedankliche Verbindung zwischen *Funktion* und *Maschine* ist naheliegend insofern, dass beide aus Eingängen (*input*) Ausgänge (*output*) entstehen lassen (Abb. 6.1). Beide sind jedoch nicht logisch gleichwertig: Eine Maschine ist gegenständlich vorhanden und verrichtet ihre Aufgaben aufgrund eines *Algorithmus* (Herleitung aus dem Namen eines arabischen Mathematikers des 9. Jahrhunderts); solch ein Ablaufplan kann *Funktionen* umfassen. Diese jedoch sind wie alles in der Mathematik Gedankengebilde und können wiederum dazu dienen, ganz verschiedene Aufgaben zu verrichten. Die Ein- und Ausgänge von Maschinen sind manchmal, aber nicht immer umkehrbar; das wohl bekannteste Beispiel ist der *Elektromotor/ Generator*. Gleichungen für Funktionen sind hingegen immer rechnerisch umkehrbar: Die übliche Gleichung y = f(x) wird dabei zu x = f(y) umgeformt; das

M. H. Kraus, S. Wagner, *Kompaktkurs Analysis*, https://doi.org/10.1007/978-3-662-72383-8_6

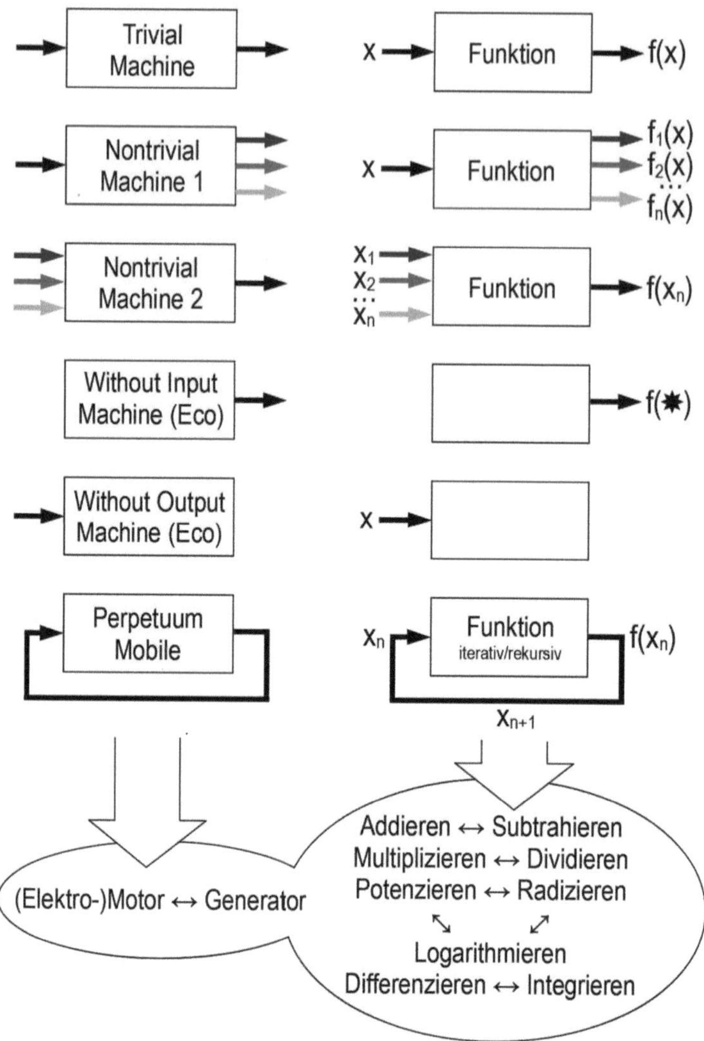

Abb. 6.1 Vergleich von Maschine und Funktion

ursprüngliche und das neue Kurvenbild ähneln sich dann – beide sind spiegelbildlich zueinander um 90° versetzt (Spiegelung an y = f(x) = x). Umkehrbarkeit ist in der Mathematik verbreitet; zu jeder Rechenart gibt es eine entgegengesetzte solche; das gilt mit *Differenziation* und *Integration* auch in der *Analysis*.

Doch versagt das Gleichnis von Maschine und Funktion in wichtigen Punkten: Es gibt keine Maschine, die ausschließlich ihre Ausgänge als Eingänge nutzt (lat. *perpetuum mobile*, dauerhaft beweglich). Hingegen sind rückbezügliche (*iterative/rekursive*) Gleichungen für Funktionen durchaus zur Beschreibung von Rückkopplungen sinnvoll, wie schon bei den Folgen gezeigt. Funktionen/Maschinen, die aus mehreren Eingängen den gleichen Ausgang oder aus einem bestimmten Eingange mehrere Ausgänge machen können, sind möglich. Zwei Beispiele aus der Feder des italienischen Semiotikers und Autors *Umberto Eco* (*1932, †2016) sind hier jedoch nur der logischen Vollständigkeit halber aufgeführt (WIM und WOM): Vorrichtungen, die trotz Eingang keinen Ausgang liefern oder umgekehrt keinen Eingang erhalten, aber (mitunter spontan) Ausgänge erzeugen, sind denkbar – aber keine Beispiele für *Funktionen*.

Funktionen können auf verschiedene Art dargestellt werden, und zwar als

- Beschreibung oder Rechenanweisung (*Text*),
- Gleichung/Rechenvorschrift (*Formel*),
- Listung zusammenhängender Werte (*Tabelle*) oder
- Bild (*Graph*), etwa in einem *Koordinatensystem*.

Lehrwerke verweisen zumeist auf das Folgende:

Funktion. *Eine Funktion ist eine eindeutige Abbildung/Zuordnung von einer Menge (x ∈ X, Definitionsbereich) auf eine andere Menge (y = f(x) ∈ Y, Wertebereich).*

Eindeutigkeit bezieht sich in diesem Fall darauf, dass jedem Wert x einer Funktion nur ein Wert f(x) zugeordnet wird. Umgekehrt kann ein bestimmter Wert für f(x) durchaus aus verschiedenen Werten x entstehen; das ist eine Mehrwertigkeit (Abb. 6.2). Eineindeutigkeit (aus Eindeutigkeit und Einwertigkeit) zeigen insbesondere die *Linearen Funktionen* $f(x) = m \cdot x + n$. Mehrdeutig-einwertige und mehrdeutig-mehrwertige Zuordnungen sind keine Funktionen nach üblicher Deutung, können aber ebenso berechnet und dargestellt werden. Mehrdeutige Zusammenhänge erscheinen in diesem Buch noch mehrfach.

Kurvendiskussion wird die Beschreibung einer *Funktion* genannt. Vor allem geht es um Form und Verlauf des *Graphen*, der *Kurve*; die Bedeutung ist dabei weniger wichtig. Der Ablauf dürfte aus dem schulischen Unterricht bekannt sein und wird nachfolgend noch einmal kurz zusammengefasst (Tab. 6.1).

Kurve. *Eine Kurve (lat. curvus, gebogen, gekrümmt, gewunden) ist die bildliche Darstellung eines Verlaufs, eines Zusammenhanges; sie kann Graph einer Funktion sein. Sie muss nicht in einer Ebene liegen (eine Schraubenlinie etwa ist eine Raumkurve). Sie kann geschlossen oder offen sein (beide haben weder Anfang noch Ende, doch die geschlossene Kurve endlicher Erstreckung umschließt ein Flächengebilde, während die offene, unendlich lange ein solches teilt).*

Der *Infinitesimalkalkül* im Spannungsfeld von *Analyse* und *Synthese* mag veranlassen zum Nachdenken über Grenzen, über das Verhältnis von *Dis-Kontinuum* und *Kontinuum* (lat. *continuo*, erweitern, fortsetzen, verbinden). Die allermeisten Größen, Zustände und Verhältnisse in den Lebenswelten von Menschen sind begrenzt; menschliches Handeln stößt immer an irgendwelche örtliche, zeitlichen, wirtschaftlichen, rechtlichen, gesundheitlichen oder sonstigen Grenzen). Die Vielfalt allgemein ge-

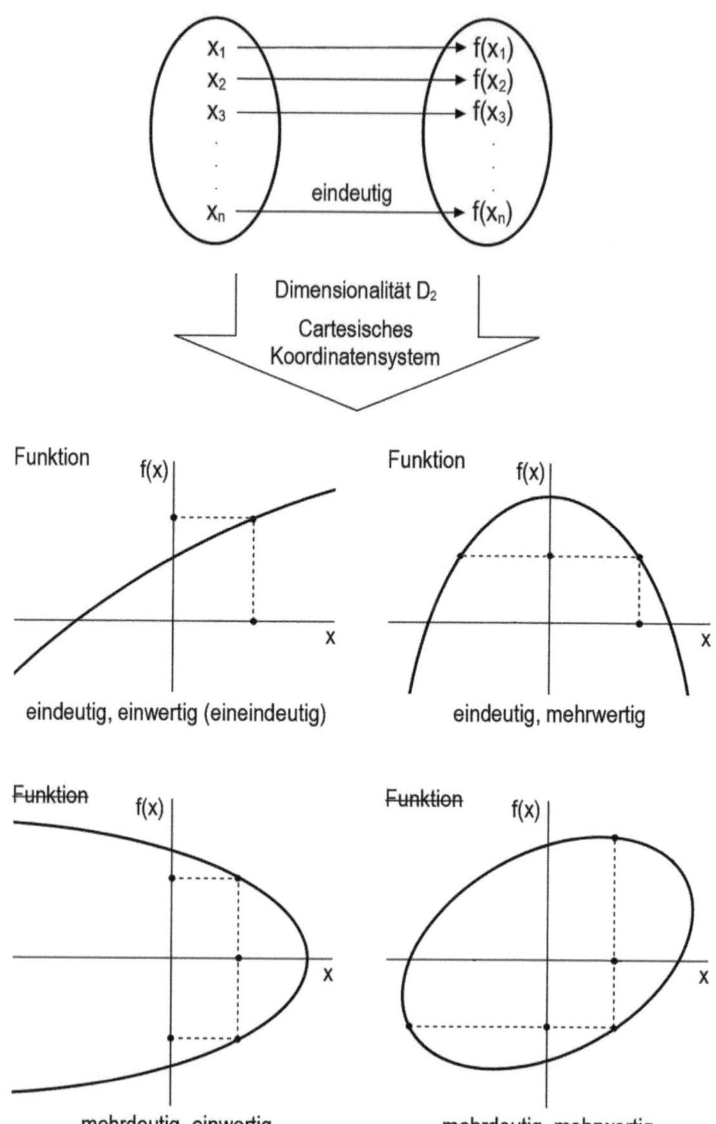

Abb. 6.2 Begriff der Funktion

Tab. 6.1 Schema einer Kurvendiskussion

Untersuchungsgegenstand	Verfahrensweise
Begrenzungen in x-Richtung und y-Richtung	*1. Bestimmung des Intervalls (sofern vorhanden), der Polstellen (Nenner von Bruchtermen nullsetzen) oder Lücken* *2. Bestimmung eventueller Grenzwerte (Limes) von $f(x)$ für die Annäherung von x an Achsen, Polstellen, Lücken sowie ins Unendliche ($x \to \pm\infty$)* *3. Bestimmung von Asymptoten (Geraden, gegen die die Kurve strebt) außer den Achsen*
Symmetrie (griech./lat. symmetria, Ebenmaß) der Kurve zur x- oder y-Achse sowie zum Ursprung O(0,0)	*Spiegelung an der x-Achse: $+f(x) = -f(x)$ (Kreise/Ellipsen, keine Funktionen im engeren Sinn)* *Spiegelung an der y-Achse: $f(+x) = f(-x)$* *Punktspiegelung an O(0,0): $f(-x) = -f(x)$*
Monotonie (griech. monotonos, eintönig): Steigung (steigend/fallend) der Kurve, verfolgt in Leserichtung (links-rechts)	*Funktion ist* *streng monoton steigend, wenn $f(x_1) < f(x_2)$;* *monoton steigend, wenn $f(x_1) \leq f(x_2)$;* *monoton fallend, wenn $f(x_1) \geq f(x_2)$;* *streng monoton fallend, wenn $f(x_1) > f(x_2)$* *für jeweils beliebige Stellen $x_1 < x_2$ oder* *streng monoton steigend, wenn $f'(x) > 0$;* *monoton steigend, wenn $f'(x) \geq 0$;* *monoton fallend, wenn $f'(x) \leq 0$;* *streng monoton fallend, wenn $f'(x) < 0$* *für alle Stellen x.*
Periodizität (griech. periodos, Umlauf, Wiederkehr)	*Prüfen auf* *$f(x_1) = f(x_2) = f(x_3) = \ldots = f(x_n)$ mit* *$x_2 - x_1 = x_3 - x_2 = \ldots = x_n - x_{n-1}$* *etwa durch Bestimmen der Nullstellen.*
Bestimmung wichtiger Punkte	*1. Schnittpunkte mit der x-Achse: $f(x) = 0$ setzen und nach x umformen (Nullstelle).* *2. Schnittpunkte mit der y-Achse: $x = 0$ setzen und nach $y = f(x)$ umformen.* *3. Hochpunkte oder Tiefpunkte (Maximum, Minimum, Oberbegriff Extremum): Ableitung $f'(x) = 0$ setzen und nach x umformen, in Ableitung $f''(x)$ einsetzen – $f''(x) < 0$ zeigt ein Maximum, $f''(x) > 0$ ein Minimum.* *4. Wendepunkte (Änderung des Krümmungsverhaltens, „Rechtskurve" wird zu „Linkskurve" oder umgekehrt): Ableitung $f''(x) = 0$ setzen und nach x umformen, in Ableitung $f'''(x)$ einsetzen – $f'''(x) \neq 0$ zeigt einen Wendepunkt.* *Die errechneten Werte für x sind jeweils in $f(x)$ einzusetzen, um die dazugehörigen Werte für y zu erhalten.*

Abb. 6.3 Wortfeld
Grenze

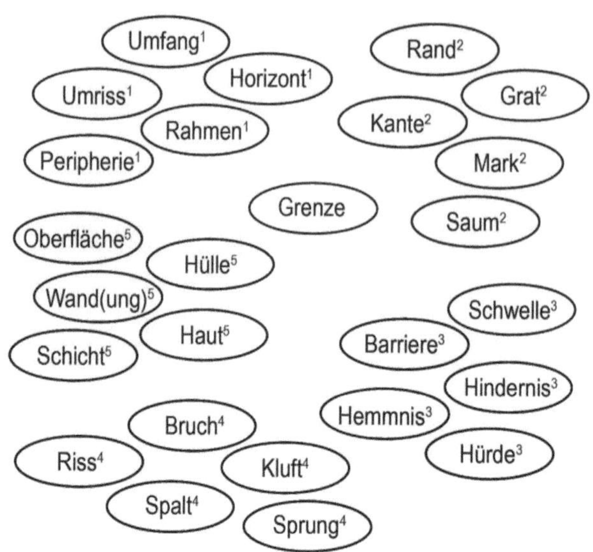

bräuchlicher Grenzbegriffe sei mit einem Wortfeld gezeigt (Abb. 6.3). Unendlichkeit in den Spielarten „unendlich klein", „unendlich groß", „unendlich viel" sind nur Gedankengebilde – aber eben für die Mathematik sehr wichtige: Es gilt stets, Ausdehnungen und Erstreckungen, Gültigkeitsbereiche und Handlungsräume zu kennen.

Geht es nun um die Grenzen von *Funktionen*, insbesondere um Gebilde der *Dimensionalitäten* D_1/D_2 im *Cartesischen Koordinatensystem*, mit anderen Worten ebene Gebilde, sind zunächst mögliche Grenzen in x-Richtung und y-Richtung zu untersuchen: Kurven können sich in beiden Richtungen jeweils ins Unendliche erstrecken: In x-Richtung wäre dies nach „links" ($x \to -\infty$) oder „rechts" ($x \to +\infty$) und in y-Richtung für die jeweils daraus folgenden Werte nach „oben" ($f(x) \to +\infty$) oder „unten" ($f(x) \to -\infty$). Ist dies nicht der Fall, müssen die Verhältnisse näher untersucht werden:

Begrenzungen in x-Richtung werden als *Intervall* angegeben (lat. *inter vallum*, zwischen den Mauern/Wällen), als Geltungsbereich bezüglich der veränderlichen Größe (Abb. 6.4). Hier wird in Lehrwerken zwischen offenen und abgeschlossene Intervallen unterschieden, wobei die Endpunkte des jeweiligen Bereichs bei offenen Intervallen nicht gegeben sind oder nicht dazu gehören (was aber nicht gegeben ist, ist nicht definiert und kann für Berechnungen nicht genutzt werden). Das Gegenstück dazu sind Fehlstellen; hier ist ein bestimmter Bereich der Funktion nicht definiert (Abb. 6.5). Ferner kann es sinnvoll sein, bestimmte Stellen nicht zu definieren („Lücke"): $f(x) = x$ mit $x \neq 2$ ist eine Gerade mit einer Lücke (genauer also zwei Halbgeraden oder Strahlen), wo ansonsten der Punkt (2/2) zu erwarten wäre. Polstellen hingegen ergeben sich aus Bruchtermen: Die Funktion $g(x) = 1/x$ ist für $x = 0$ nicht definiert, genauer ausgedrückt (siehe die Anmerkungen zum Rechnen mit der Null) streben die beiderseitigen Werte f(x) für die Annäherung von x an die Null (genauer die y-Achse) jeweils ins Unendliche – so entsteht eine geteilte Kurve (Hyperbel).

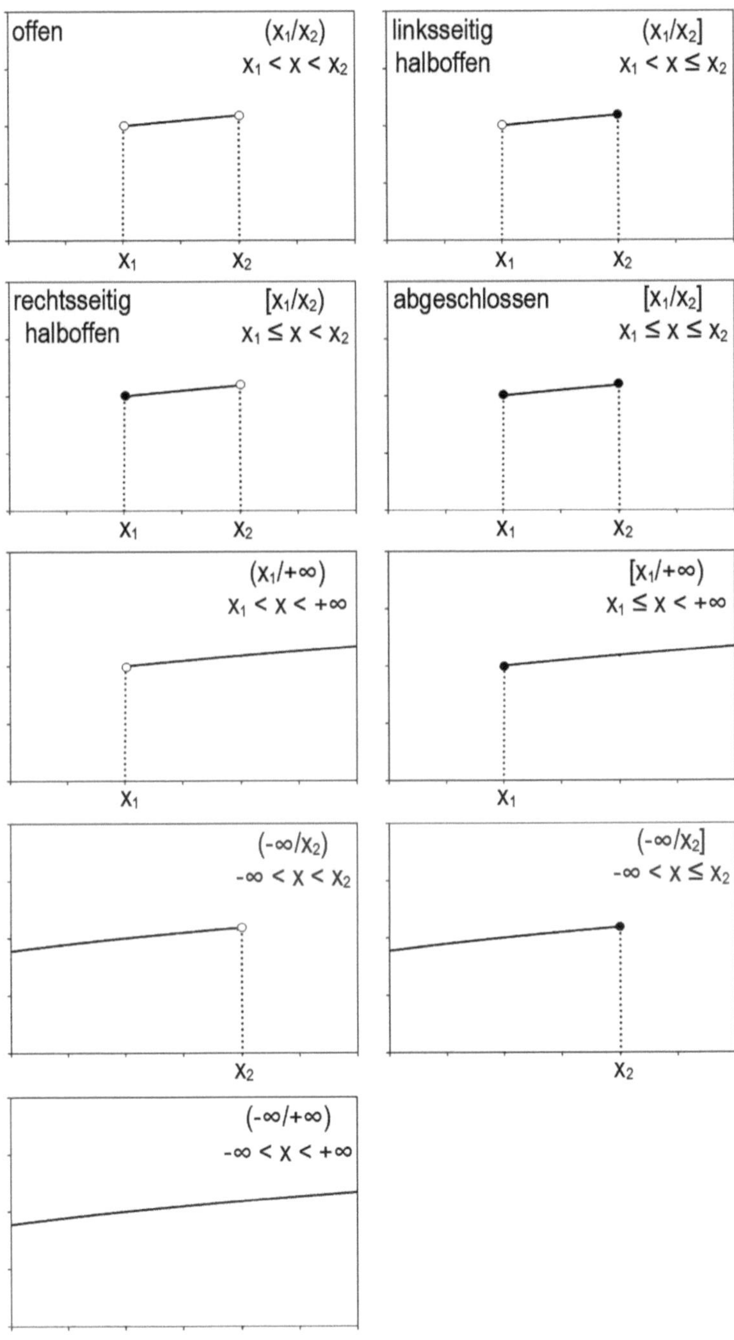

Abb. 6.4 Funktion und Intervall (1)

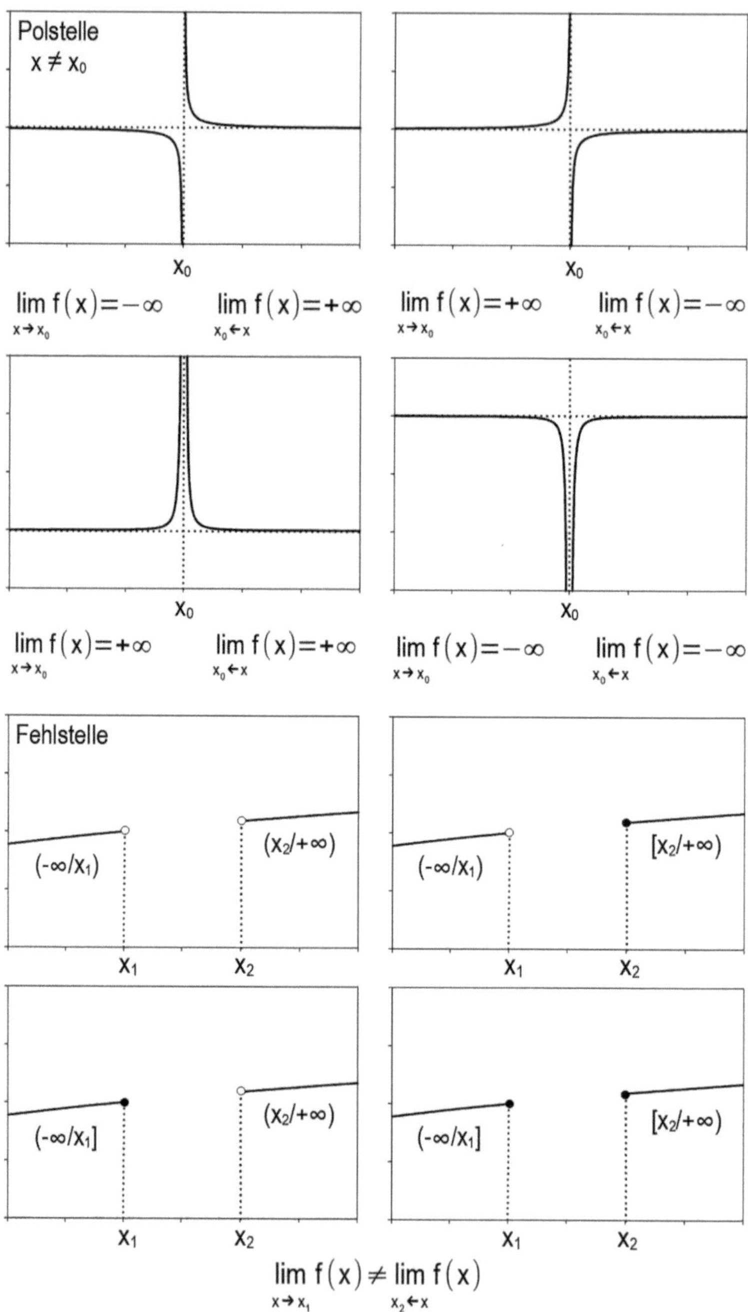

Abb. 6.5 Funktion und Intervall (2)

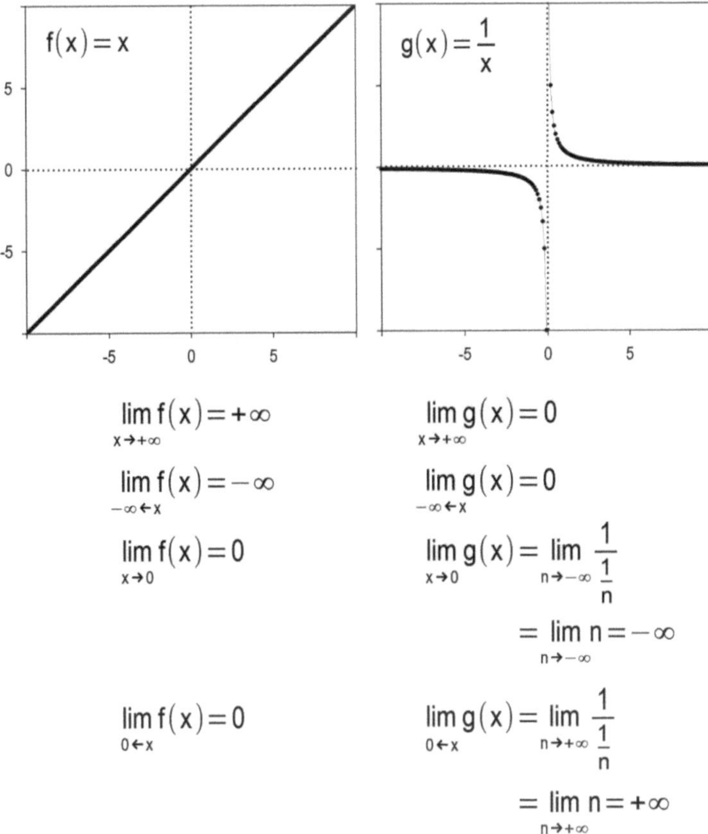

Abb. 6.6 Grenzwerte von Funktionen (1)

Begrenzungen in y-Richtung folgen ebenso aus der Gleichung der Funktion: Die Kurve strebt möglicherweise gegen einen Grenzwert, ohne ihn jeweils zu überreichen. Verschriftlicht wird dies mit dem Ausdruck für den *Limes* (lat. *limes*, Grenze). Eine solche Begrenzung wird in der bildlichen Darstellung deutlich und kann rechnerisch hergeleitet werden (Abb. 6.6). Im Fall von *f(x)* = *x* sind die Verhältnisse klar; bei *g(x)* = *1/x* (siehe einmal mehr das Rechnen mit der Null) wird zwecks Grenzwertbetrachtung eine Folge a_n = *1/n* für x mit n → ∞ eingesetzt. Es lässt sich darüber hinaus einiges über Grenzwerte lernen, wenn die *Summen*, *Differenzen*, *Produkte* und *Quotienten* von Funktionen mit bekannten Grenzwerten gebildet werden (Abb. 6.7). Wie hier anhand der beiden vorgenannten Kurven gezeigt, erscheint das Grenzwertverhalten der ursprünglichen Kurven in der jeweils neuen Kurve. Weiteres lässt sich üblichen Lehrwerken unter dem Schlagwort „Grenzwertsätze" entnehmen.

Damit eine *Funktion* mit den Mitteln der *Analysis* untersucht werden kann, muss sie stetig sein – entweder über ihre gesamte Erstreckung oder zumindest in den zu untersuchenden Bereichen (*Intervallen*). Umgangssprachlich heißt dies, dass die

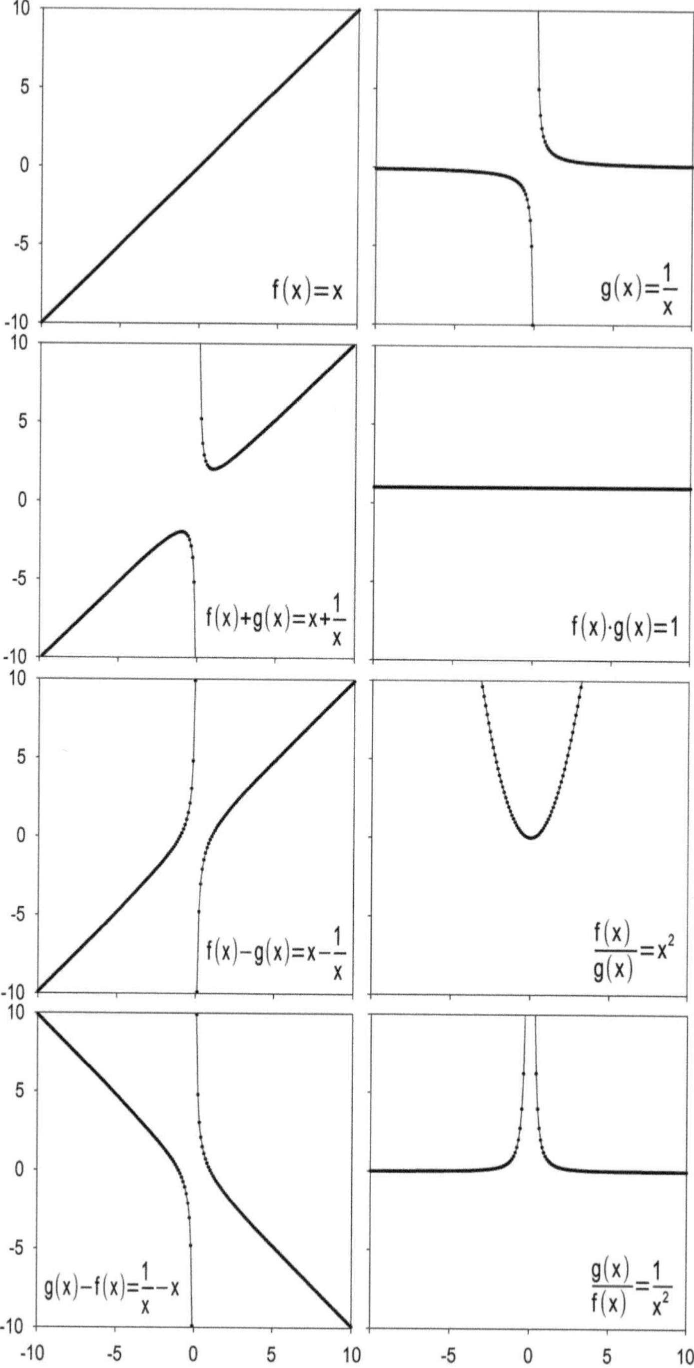

Abb. 6.7 Grenzwerte von Funktionen (2)

Abb. 6.8 Beispiel einer Funktion f(x_1, x_2)

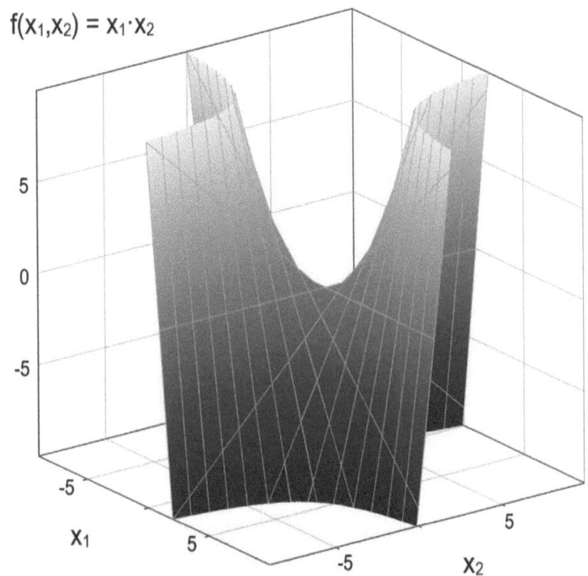

betreffende Kurve gezeichnet werden kann, ohne den Stift abzusetzen. Bei Kurven wie der von *g(x) = 1/x* (*Hyperbel*) kann dies nur für die einzelnen Äste gelten. Gibt es keine Werte für x, insbesondere an Polstellen, gibt es auch keine Werte für f(x); die Funktion ist an dieser Stelle nicht stetig, die Kurve somit unterbrochen. Anders herum betrachtet, bedeutet Stetigkeit, dass es zu jedem Punkt einer Kurve links und rechts jeweils einen benachbarten Punkt gibt, ganz gleich, wie gering der nachbarschaftliche Abstand jeweils bemessen ist. Dabei ist auch hier zu vergegenwärtigen, dass die Verhältnisse von den Kurvengebilden der Ebene (D_1/D_2) auf die Flächengebilde des Raums (D_3, … D_n) übertragbar sind (Abb. 6.8): Die Darstellung für eine Funktion *f(x_1, x_2)* lässt erkennen, dass die Stetigkeit in mehreren Richtungen untersucht werden muss und jeder beliebige Punkt eines stetigen flächigen Gebildes rundherum unendlich viele benachbarte Punkte hat!

Zusammenhänge zwischen Größen sind nicht immer sofort erklärbar. Im beruflichen Alltag ist es nicht selten, dass zunächst nur einige Messwerte (Messpunkte) vorliegen (*Dis-Kontinuum*). Hier ist es sinnvoll, über Richtigkeit und Vollständigkeit im Rahmen der jeweiligen Arbeitsaufgabe zu sprechen, aber nicht über Stetigkeit (*Kontinuum*). Diese kann nämlich erst betrachtet werden, wenn eine Gleichung gefunden wird, der die Messpunkte mehr oder minder gut zu folgen scheinen. Dafür gibt es verschiedene bewährte Verfahren. Sie erscheinen in Lehrwerken unter den Stichworten

- *Interpolation* (die Gleichung soll nur innerhalb der Punktmenge gelten),
- *Extrapolation* (die Gleichung soll auch für Bereiche außerhalb der Punktmenge gelten),
- *Regression* (lat. *regressus*, Rückbezüglichkeit, Rückkopplung – die Gleichung wird an die Punktmenge angepasst, um alle Punkte bestmöglich einzubeziehen)

und werden heutzutage nur noch selten „händisch" durchgerechnet. Dass ein vermeintlicher Zusammenhang beziffert und bildlich dargestellt werden kann, heißt im Übrigen noch nicht, dass es ihn tatsächlich gibt, oder wenn es ihn gibt, dass er hinreichend verstanden wird. Grundsätzlich kann dreierlei vorliegen:

- Zwischen der veränderlichen Größe und der abhängigen Größe gibt es eine Ursache-Wirkungs-Beziehung.
- Zwischen beiden gibt es eine mittelbare Beziehung, etwa eine gemeinsame Ursache.
- Zwischen beiden gibt es keine Beziehung; das Zusammentreffen geschieht aufgrund anderweitiger, äußerer Bedingungen, gegebenenfalls zufällig.

Korrelation (lat. *cor-relatio*, Beziehung, Gemeinsamkeit) ist bekanntlich nicht *Kausalität* (lat. *causa*, Grund, Ursache): Wer wissenschaftlich arbeitet, sollte eine Erkenntnis nur würdigen, so lange nichts Besseres gefunden wird. Mathematik bietet ganz erstaunliche Mittel, um die Welt in Modelle aufzulösen; ein Modell aber ist stets nur ein vereinfachtes (mitunter trügerisches) Abbild einer Wirklichkeit. Werden Messwerte in Gleichungen übersetzt, entsteht bereits ein Modell. Hier erst kann die Analysis ansetzen. Dann zeigt sich, ob das gewähnte Modell richtig ist. Blinde Zahlengläubigkeit führt in die Irre, Abgleich mit der Wirklichkeit ist stets erforderlich.

Differentiation – Herleitung und Rechenregeln

7

Zusammenfassung

Die Differenziation als erster Teil der Analysis wird hergeleitet; dabei wird insbesondere auf Hintergründe und die üblichen Rechenverfahren eingegangen.

Die folgenden Ausführungen sind kurz gehalten, da ein Teil der Rechenregeln aus Schule und Ausbildung bekannt sein dürfte (trotzdem handelt es sich um den ausführlichsten Abschnitt). Der Schwerpunkt liegt auf gedanklichen Querverbindungen und dem Vergleich verschiedener Herleitungen. Die Mathematik ermöglicht es in vielen Fällen, zwei oder mehr Lösungsansätze anzuwenden, um daraus zu lernen. Hier geht es zunächst um zwei Punkte einer Kurve: Abstände oder Anstiege, aber auch Richtungen und Bewegungen können sinnvollerweise nur über die Lagebeziehung zweier unterschiedlicher Orts- oder Zeitpunkte bestimmt werden. *Differenziation* als erster Teil der *Analysis* befasst sich mit der Frage, was sich daraus lernen lässt, wenn der Abstand zwischen den beiden immer geringerer wird. Das erfordert eine Randbemerkung zur Lagebeziehungen zwischen einer beliebigen Kurve und bestimmten Geraden. Letztere lassen sich unterteilen in

- *Sekanten* (lat. *seco*, schneiden), die mindestens zwei Schnittpunkte mit der Kurve haben,
- *Tangenten* (lat. *tango*, berühren), die jeweils einen Berührungspunkt mit der Kurve haben, und
- *Passanten* (lat. *passare*, durchschreiten), die die Kurve niemals berühren.

Mittels einer Sekante zeigt sich ein Unterschied sowohl in x-Richtung als auch in y-Richtung (Abb. 7.1): Eine *Differenz* ist nichts anderes als ein Unterschied von Werten oder Größen an zwei verschiedenen (Orts- oder Zeit-)Punkten. Werden die

M. H. Kraus, S. Wagner, *Kompaktkurs Analysis*, https://doi.org/10.1007/978-3-662-72383-8_7

Abb. 7.1 Grundbegriffe
der Differenziation

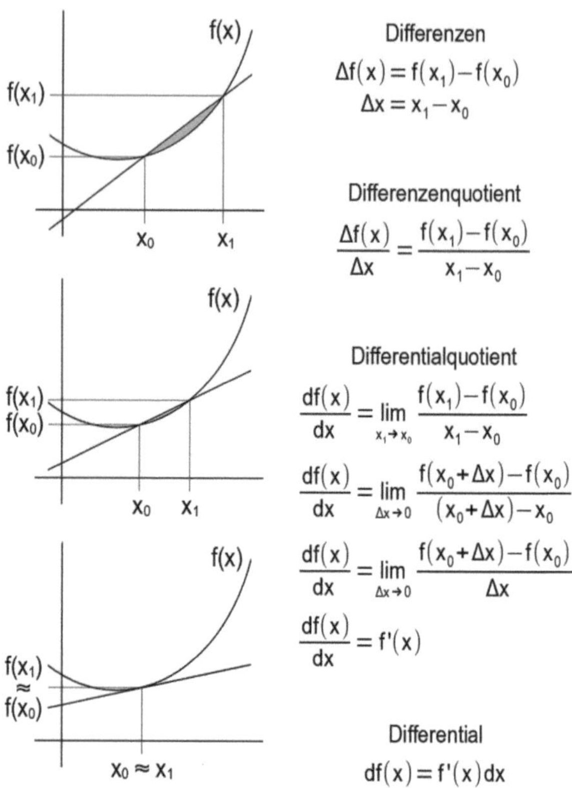

$$\Delta f(x) = f(x_1) - f(x_0)$$
$$\Delta x = x_1 - x_0$$

$$\frac{\Delta f(x)}{\Delta x} = \frac{f(x_1) - f(x_0)}{x_1 - x_0}$$

$$\frac{df(x)}{dx} = \lim_{x_1 \to x_0} \frac{f(x_1) - f(x_0)}{x_1 - x_0}$$

$$\frac{df(x)}{dx} = \lim_{\Delta x \to 0} \frac{f(x_0 + \Delta x) - f(x_0)}{(x_0 + \Delta x) - x_0}$$

$$\frac{df(x)}{dx} = \lim_{\Delta x \to 0} \frac{f(x_0 + \Delta x) - f(x_0)}{\Delta x}$$

$$\frac{df(x)}{dx} = f'(x)$$

$$df(x) = f'(x)\,dx$$

Unterschiede in beiden Raumrichtungen ins Verhältnis gesetzt, ergibt sich mit dem *Differenzenquotienten* eine Beziehung etwa zur Bestimmung von Durchschnittswerten. Wird nun der Unterschied in x-Richtung immer weiter verringert, verringert sich auch der Unterschied in y-Richtung: Der *Differenzialquotient* entsteht durch das Bilden eines Grenzwerts und führt zur sogenannten 1. Ableitung. Damit ist nicht gemeint, dass der eine Punkt auf den anderen verschoben wird – vielmehr wird der Abstand immer weiter derart verringert, dass letztlich der eine Punkt genau neben dem anderen liegt. Da aber Punkte keine Ausdehnung haben, ist ihr „Durchmesser" dann so groß wie ihr „Abstand"; beide entsprechen wieder einmal nahezu der Null. Und so lässt sich auf den Anstieg der Kurve an der betrachteten Stelle schließen. Das *Differenzial* ist ein daraus folgender, nützlicher Ausdruck, der von *Gottfried Wilhelm Leibniz* eingeführt wurde und mit dem sich gut rechnen lässt.

Wird durch Annäherung eines Punktes an den anderen die *Sekante* nach und nach zur *Tangente* (zumindest näherungsweise), vermindert sich die von Kurve und Gerade eingeschlossene Fläche bis auf Null, und der Anstieg der Gerade kann sich – abhängig von der Krümmung der Kurve in diesem Bereich – erheblich verändern. Dies wird hier gezeigt am Beispiel einer Parabel (Abb. 7.2).

Abb. 7.2 Übergang von der Sekante zur Tangente

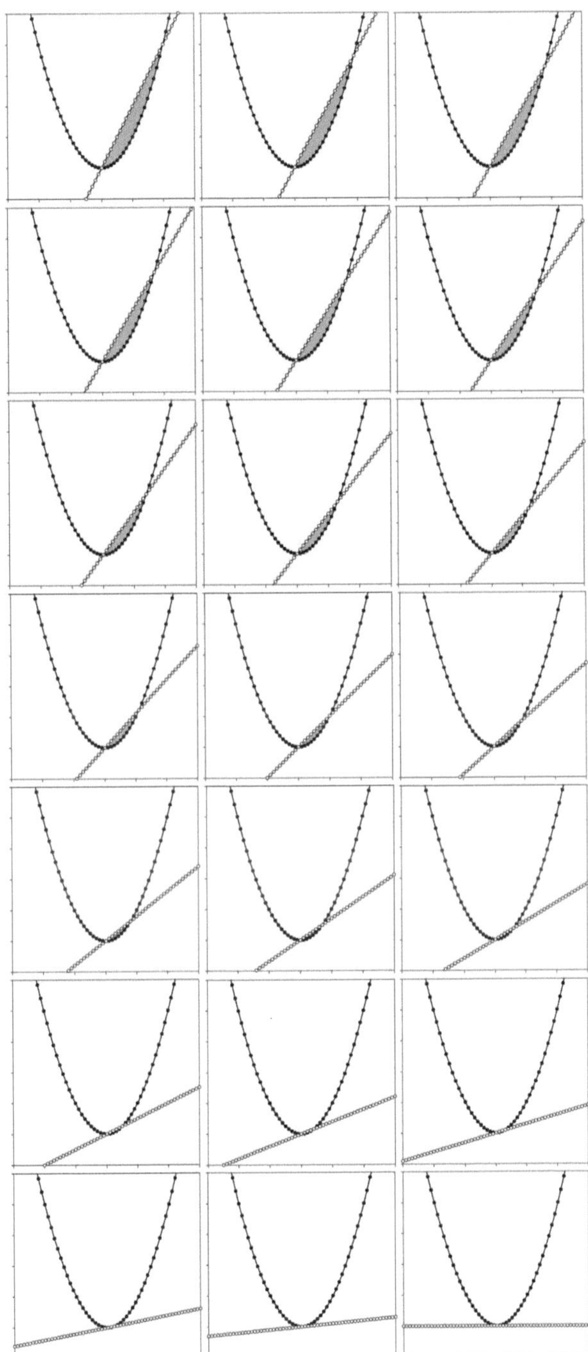

Abb. 7.3 Rechnen mit
Differenzen

$$f(x_1,x_2) = x_1 + x_2$$
$$f(x_1,x_2) + \Delta f(x_1,x_2) = x_1 + x_2 + \Delta x_1 + \Delta x_2$$

$$f(x_1,x_2) = x_1 \cdot x_2$$
$$f(x_1,x_2) + \Delta f(x_1,x_2) = x_1 \cdot x_2 + x_1 \cdot \Delta x_2 + x_2 \cdot \Delta x_1 + \Delta x_1 \cdot \Delta x_2$$
$$\Delta x_1, \Delta x_2 \ll x_1, x_2 \qquad \Delta x_1 \cdot \Delta x_2 \to 0$$
$$f(x_1,x_2) + \Delta f(x_1,x_2) = x_1 \cdot x_2 + x_1 \cdot \Delta x_2 + x_2 \cdot \Delta x_1$$

$$f(x_1,x_2) = (x_1 + x_2)^2 = x_1^2 + 2 \cdot x_1 \cdot x_2 + x_2^2$$
$$f(x_1,x_2) + \Delta f(x_1,x_2) = (x_1 + \Delta x_1 + x_2 + \Delta x_2)^2$$
$$f(x_1,x_2) + \Delta f(x_1,x_2) = x_1^2 + 2 \cdot x_1 \cdot x_2 + x_2^2 + 2 \cdot x_1 \cdot \Delta x_1 + 2 \cdot x_1 \cdot \Delta x_2$$
$$+ 2 \cdot x_2 \cdot \Delta x_1 + 2 \cdot x_2 \cdot \Delta x_2 + 2 \cdot \Delta x_1 \cdot \Delta x_2 + \Delta^2 x_1 + \Delta^2 x_2$$
$$\Delta x_1, \Delta x_2 \ll x_1, x_2 \qquad \Delta x_1 \cdot \Delta x_2, \Delta^2 x_1, \Delta^2 x_2 \to 0$$
$$f(x_1,x_2) + \Delta f(x_1,x_2) = x_1^2 + 2 \cdot x_1 \cdot x_2 + x_2^2$$
$$+ 2 \cdot (x_1 \cdot \Delta x_1 + x_1 \cdot \Delta x_2 + x_2 \cdot \Delta x_1 + x_2 \cdot \Delta x_2)$$

$$f(x_1,x_2) = \frac{x_1}{x_2}$$
$$f(x_1,x_2) + \Delta f(x_1,x_2) = \frac{x_1 + \Delta x_1}{x_2 + \Delta x_2}$$
$$f(x_1,x_2) + \Delta f(x_1,x_2) = \frac{x_1}{x_2} + \frac{x_2 \cdot \Delta x_1 - x_1 \cdot \Delta x_2}{x_2 \cdot (x_2 + \Delta x_2)}$$

Das Rechnen mit Abweichungen und Unterschieden zeigt einige Besonderheiten, wie aus der Fehlerrechnung bekannt ist (Abb. 7.3): Werden zwei Werte x_1, x_2 durch jeweilige Fehler Δx_1, Δx_2 zu $x_1 + \Delta x_1$ und $x_2 + \Delta x_2$, hat das in einer Funktion Folgen für die daraus gebildeten Werte $f(x_1,x_2)$ und deren Fehler $\Delta f(x_1,x_2)$. Abhängig von der Rechenart, die beide x-Werte verbindet, ergeben sich teils schwierigere Zusammenhänge als nur einfache Summen. So gilt es bei jeder Aufgabe zu prüfen, welche Terme gegebenenfalls so klein werden, dass sie vernachlässigt werden dürfen.

Die einfachsten Ableitungsregeln für allgemeine *Potenzfunktionen* lassen sich gut aus dem bereits bei den Zahlenfolgen erwähnten *Binomischen Theorem* herleiten (Abb. 7.4). Verwendet wird dabei ein „Trick" zum Zusammenfassen von Polynom-Termen, ermöglicht durch die zugrunde liegenden Zahlengesetze: Entwickeln sich Terme immer wieder nach dem gleichen Muster, lässt sich ein Sammelausdruck dafür finden.

Wiederum am Beispiel der Parabel wird der in heutigen Schulbüchern verwendete Ablauf (*über Differenzialquotienten*) verglichen mit dem *Leibniz*-Verfahren (*über Differenziale*): Beide liefern das gleiche Ergebnis, das alte Verfahren sogar mit etwas weniger Rechenaufwand; es umfasst eine Abwägung betreffend das Vernachlässigen eines sehr kleinen Terms (Abb. 7.5). Bei dieser Gelegenheit sei daran

Abb. 7.4 Herleitung einfacher Regeln für Ableitungen

$$\left(x_0+\Delta x\right)^0 = 1$$
$$\left(x_0+\Delta x\right)^1 = x_0+\Delta x$$
$$\left(x_0+\Delta x\right)^2 = x_0^2+2\cdot\Delta x\cdot x_0+\Delta x^2$$
$$\left(x_0+\Delta x\right)^3 = x_0^3+3\cdot\Delta x\cdot x_0^2+3\cdot\Delta x^2\cdot x_0+\Delta x^3$$
$$\dots$$
$$\left(x_0+\Delta x\right)^n = x_0^n+n\cdot\Delta x\cdot x_0^{n-1}+\dots+n\cdot\Delta x^{n-1}\cdot x_0+\Delta x^n$$

$$\left(x_0+\Delta x\right)^0 = 1$$
$$\left(x_0+\Delta x\right)^1 = x_0+\Delta x$$
$$\left(x_0+\Delta x\right)^2 = x_0^2+2\cdot\Delta x\cdot x_0+\Delta x\cdot T_2$$
$$\left(x_0+\Delta x\right)^3 = x_0^3+3\cdot\Delta x\cdot x_0^2+\Delta x\cdot T_3$$
$$\dots$$
$$\left(x_0+\Delta x\right)^n = x_0^n+n\cdot\Delta x\cdot x_0^{n-1}+\Delta x\cdot T_n$$

$$\frac{df(x)}{dx} = \lim_{\Delta x\to 0}\frac{f\left(x_0+\Delta x\right)-f\left(x_0\right)}{\Delta x} = \lim_{\Delta x\to 0}\frac{\left(x_0+\Delta x\right)^n-x_0^n}{\Delta x}$$

$$\frac{df(x)}{dx} = \lim_{\Delta x\to 0}\frac{x_0^n+n\cdot\Delta x\cdot x_0^{n-1}+\Delta x\cdot T_n-x_0^n}{\Delta x} = n\cdot x_0^{n-1}+\lim_{\Delta x\to 0}T_n$$

$$\left(x^n\right)' = n\cdot x^{n-1} \qquad \left(nx\right)' = n \qquad n' = 0$$

Abb. 7.5 Ableitung über Differenzialquotienten und Differenziale im Vergleich

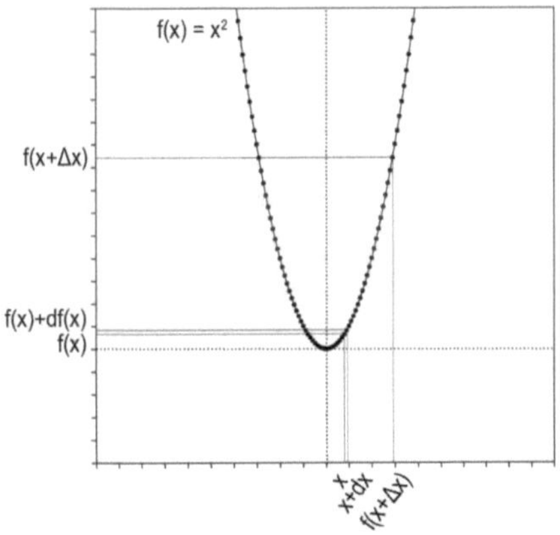

$f(x) = x^2$

$f(x+\Delta x)$

$f(x)+df(x)$

$f(x)$

x $x+dx$ $f(x+\Delta x)$

$$\frac{df(x)}{dx} = \lim_{\Delta x\to 0}\frac{f\left(x+\Delta x\right)-f\left(x\right)}{\Delta x} = \lim_{\Delta x\to 0}\frac{\left(x+\Delta x\right)^2-x^2}{\Delta x}$$

$$\frac{df(x)}{dx} = \lim_{\Delta x\to 0}\frac{x^2+2\cdot x\cdot\Delta x+\Delta^2 x-x^2}{\Delta x} = 2\cdot x+\lim_{\Delta x\to 0}\Delta x$$

$$\frac{df(x)}{dx} = 2\cdot x = f'(x)$$

$$f(x)+df(x) = \left(x+dx\right)^2 = x^2+2\cdot x\cdot dx+\left(dx\right)^2$$

$$x^2+df(x) = x^2+2\cdot x\cdot dx+\left(dx\right)^2 \qquad \left(dx\right)^2 \ll dx$$

$$df(x) = 2\cdot x\cdot dx$$

$$\frac{df(x)}{dx} = 2\cdot x = f'(x)$$

Abb. 7.6 Ableitung von
Potenzfunktionen

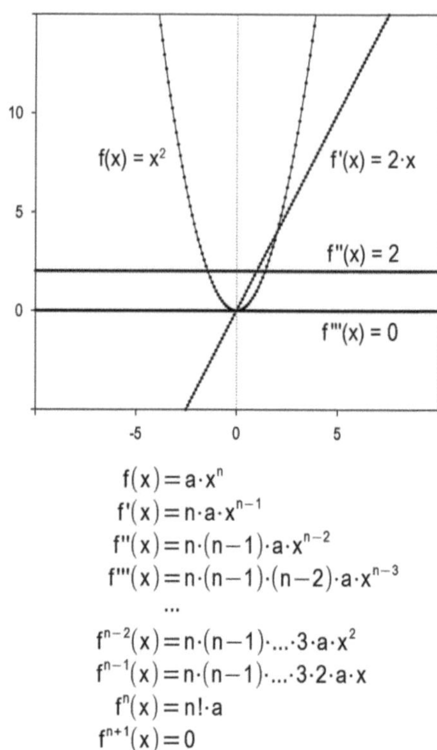

$$f(x) = a \cdot x^n$$
$$f'(x) = n \cdot a \cdot x^{n-1}$$
$$f''(x) = n \cdot (n-1) \cdot a \cdot x^{n-2}$$
$$f'''(x) = n \cdot (n-1) \cdot (n-2) \cdot a \cdot x^{n-3}$$
$$\dots$$
$$f^{n-2}(x) = n \cdot (n-1) \cdot \dots \cdot 3 \cdot a \cdot x^2$$
$$f^{n-1}(x) = n \cdot (n-1) \cdot \dots \cdot 3 \cdot 2 \cdot a \cdot x$$
$$f^{n}(x) = n! \cdot a$$
$$f^{n+1}(x) = 0$$

erinnert, dass sich *Potenzfunktionen* durch wiederholtes Ableiten bis auf Null verringern lassen (Abb. 7.6). Bekanntlich gilt dies jedoch nicht für alle Funktionen: Der Rechenaufwand steigt teils erheblich mit der Zahl der Ableitungen; der Vollständigkeit halber wird hier die allgemeine Formel hergeleitet (Abb. 7.7).

Die Nützlichkeit übersichtlicher Ableitungsregeln muss nicht weiter betont werden. Bekannt sind insbesondere diejenigen für Summen/Differenzen und Produkte jeweils zweier Funktionen (Abb. 7.8). Auch hier haben bereits *Gottfried Wilhelm Leibniz*, nach ihm *Leonhard Euler* und verschiedene Mitglieder der *Bernoulli-Familie* die Regeln einerseits für Produkte von mehr als zwei Funktionen, andererseits für entsprechende höhere Ableitungen ergründet (Abb. 7.9). Selbstverständlich steigt dabei der Rechenaufwand erheblich mit Anzahl und Grad der verbundenen Beziehungen.

Entsprechendes zeigt sich an der bekannten Ableitungsregel für *Quotienten* zweier Funktionen (Abb. 7.10). Auch die Ableitung verketteter Funktionen erfordert etwas Übung (Abb. 7.11). Die Regel „Innere mal äußere Ableitung" im einfachsten Fall wird zu „Innere mal mittlere mal äußere Ableitung" im nächsthöheren Fall – und so fort! Gezeigt ist hier die ausführliche Herleitung an einem Beispiel, um Gelegenheit zum Nachvollziehen zu geben.

Abb. 7.7 Höhere
Ableitungen

1. Ableitung

$$f'(x) = \frac{df(x)}{dx} = \lim_{\Delta x \to 0} \frac{f(x_0 + \Delta x) - f(x_0)}{\Delta x}$$

2. Ableitung

$$f''(x) = \frac{d^2 f(x)}{dx^2} = \lim_{\Delta x \to 0} \frac{f(x_0 + 2 \cdot \Delta x) - f(x_0 + \Delta x) - (f(x_0 + \Delta x) - f(x_0))}{\Delta^2 x}$$

$$f''(x) = \frac{d^2 f(x)}{dx^2} = \lim_{\Delta x \to 0} \frac{f(x_0 + 2 \cdot \Delta x) - 2 \cdot f(x_0 + \Delta x) + f(x_0)}{\Delta^2 x}$$

3. Ableitung

$$f'''(x) = \frac{d^3 f(x)}{dx^3} = \lim_{\Delta x \to 0} \frac{f(x_0 + 3 \cdot \Delta x) - 3 \cdot f(x_0 + 2 \cdot \Delta x) + 3 \cdot f(x_0 + \Delta x) - f(x_0)}{\Delta^3 x}$$

...

n. Ableitung

$$f^n(x) = \frac{d^n f(x)}{dx^n} = \lim_{\Delta x \to 0} \frac{1}{\Delta^n x} \cdot \left(\binom{n}{0} \cdot f(x_0 + n \cdot \Delta x) - \binom{n}{1} \cdot f(x_0 + (n-1) \cdot \Delta x) + ... \right.$$

$$\left. ... - \binom{n}{n-1} \cdot f(x_0 + \Delta x) + \binom{n}{n} f(x_0) \right)$$

$$f^n(x) = \frac{d^n f(x)}{dx^n} = \lim_{\Delta x \to 0} \sum_{k=0}^{n} \frac{(-1)^k}{\Delta^n x} \cdot \binom{n}{k} \cdot f(x_0 + (n-k) \cdot \Delta x)$$

Abb. 7.8 Regeln für
Ableitungen (Summe/
Differenz, Produkt)

$$\frac{d(f(x) \pm g(x))}{dx} = \lim_{\Delta x \to 0} \frac{(f(x_0 + \Delta x) - f(x_0)) \pm (g(x_0 + \Delta x) - g(x_0))}{\Delta x}$$

$$\frac{d(f(x) \pm g(x))}{dx} = \lim_{\Delta x \to 0} \frac{f(x_0 + \Delta x) - f(x_0)}{\Delta x} \pm \lim_{\Delta x \to 0} \frac{g(x_0 + \Delta x) - g(x_0)}{\Delta x}$$

$$(f(x) \pm g(x))' = f'(x) \pm g'(x)$$

$$\frac{d(f(x) \cdot g(x))}{dx} = \lim_{\Delta x \to 0} \frac{f(x_0 + \Delta x) \cdot g(x_0 + \Delta x) - f(x_0) \cdot g(x_0)}{\Delta x}$$

$$\frac{d(f(x) \cdot g(x))}{dx} = \lim_{\Delta x \to 0} \frac{f(x_0 + \Delta x) \cdot g(x_0 + \Delta x) - f(x_0) \cdot g(x_0 + \Delta x)}{\Delta x}$$

$$+ \lim_{\Delta x \to 0} \frac{f(x_0) \cdot g(x_0 + \Delta x) - f(x_0) \cdot g(x_0)}{\Delta x}$$

$$\frac{d(f(x) \cdot g(x))}{dx} = \lim_{\Delta x \to 0} \frac{f(x_0 + \Delta x) - f(x_0)}{\Delta x} \cdot g(x_0 + \Delta x)$$

$$+ \lim_{\Delta x \to 0} f(x_0) \cdot \frac{g(x_0 + \Delta x) - g(x_0)}{\Delta x}$$

$$(f(x) \cdot g(x))' = f'(x) \cdot g(x) + f(x) \cdot g'(x)$$

Abb. 7.9 Regeln für höhere Ableitungen (Summe/Differenz, Produkt)

$$\frac{d(f(x)\cdot g(x)\cdot h(x))}{dx}=\frac{df(x)}{dx}\cdot g(x)\cdot h(x)+f(x)\cdot\frac{dg(x)}{dx}\cdot h(x)+f(x)\cdot g(x)\cdot\frac{dh(x)}{dx}$$

$$\left(f(x)\cdot g(x)\cdot h(x)\right)'=f'(x)\cdot g(x)\cdot h(x)+f(x)\cdot g'(x)\cdot h(x)+f(x)\cdot g(x)\cdot h'(x)$$

$$\frac{d(f(x)\cdot g(x))}{dx}=\frac{df(x)}{dx}\cdot g(x)+f(x)\cdot\frac{dg(x)}{dx}$$

$$\left(f(x)\cdot g(x)\right)'=f'(x)\cdot g(x)+f(x)\cdot g'(x)$$

$$\frac{d^2(f(x)\cdot g(x))}{dx^2}=\frac{d^2f(x)}{dx^2}\cdot g(x)+2\cdot\frac{df(x)}{dx}\cdot\frac{dg(x)}{dx}+f(x)\cdot\frac{d^2g(x)}{dx^2}$$

$$\left(f(x)\cdot g(x)\right)''=f''(x)\cdot g(x)+2\cdot f'(x)\cdot g'(x)+f(x)\cdot g''(x)$$

$$\frac{d^3(f(x)\cdot g(x))}{dx^3}=\frac{d^3f(x)}{dx^3}\cdot g(x)+3\cdot\frac{d^2f(x)}{dx^2}\cdot\frac{dg(x)}{dx}+\dots$$

$$\dots+3\cdot\frac{df(x)}{dx}\cdot\frac{d^2g(x)}{dx^2}+f(x)\cdot\frac{d^3g(x)}{dx^3}$$

$$\left(f(x)\cdot g(x)\right)'''=f'''(x)\cdot g(x)+3\cdot f''(x)\cdot g'(x)+3\cdot f'(x)\cdot g''(x)+f(x)\cdot g'''(x)$$

$$\frac{d^n(f(x)\cdot g(x))}{dx^n}=\sum_{k=0}^{n}\binom{n}{k}\cdot f^{n-k}(x)\cdot g^k(x)$$

Leibniz-Regel

Ableitungen von gebrochenen Potenzfunktionen wie $f(x) = 1/x$ folgen den bereits gezeigten einfachen Regeln. Doch schadet es nicht, noch einmal den ausführlichen Rechenweg zu erproben und dabei vor allem auf Vorzeichenwechsel zu achten (Abb. 7.12). Entsprechendes gilt für Terme mit Wurzeln (Abb. 7.13). Höhere Ableitungen können etwas heikel werden, insbesondere wegen der Vorzeichenwechsel. Die allgemeine Formel wurde hier übrigens aus einer bekannten Zahlenfolge gewonnen. Zahlengefühl für solche Versuche lässt sich durch Üben erwerben. Beruhigend mag übrigens wirken, dass bei Anwendungsaufgaben selten mehr als die 3. Ableitung erforderlich ist.

In deutschsprachigen Lehrbüchern erscheint selten das folgende Mittelwertverfahren, bei dem ein Punkt im Verhältnis zu zwei links und rechts benachbarten Punkten betrachtet wird (Abb. 7.14). Wird der Abstand nach beiden Seiten als sehr klein angenommen, können die drei Punkte als näherungsweise auf einer Geraden liegend gelten. Der Anstieg entspräche dann dem der Kurve in mittleren Punkt; der Wert f(x) erscheint so als Durchschnittswert. Dabei werden alle Sekanten zwischen

Abb. 7.10 Regel für
Ableitungen (Quotient)

$$\frac{d}{dx}\frac{f(x)}{g(x)} = \lim_{\Delta x \to 0}\left(\frac{f(x_0+\Delta x)}{g(x_0+\Delta x)} - \frac{f(x_0)}{g(x_0)}\right)\cdot\frac{1}{\Delta x}$$

$$\frac{d}{dx}\frac{f(x)}{g(x)} = \lim_{\Delta x \to 0}\left(\frac{g(x_0)\cdot f(x_0+\Delta x)-f(x_0)\cdot g(x_0+\Delta x)}{g(x_0+\Delta x)\cdot g(x_0)}\right)\cdot\frac{1}{\Delta x}$$

$$\frac{d}{dx}\frac{f(x)}{g(x)} = \lim_{\Delta x \to 0}\left(\frac{g(x_0)\cdot f(x_0+\Delta x)-f(x_0)\cdot g(x_0)}{g(x_0+\Delta x)\cdot g(x_0)}\right)\cdot\frac{1}{\Delta x}$$

$$+ \lim_{\Delta x \to 0}\left(\frac{f(x_0)\cdot g(x_0)-f(x_0)\cdot g(x_0+\Delta x)}{g(x_0+\Delta x)\cdot g(x_0)}\right)\cdot\frac{1}{\Delta x}$$

$$\frac{d}{dx}\frac{f(x)}{g(x)} = \lim_{\Delta x \to 0}\frac{g(x_0)}{g(x_0+\Delta x)\cdot g(x_0)}\cdot\frac{f(x_0+\Delta x)-f(x_0)}{\Delta x}$$

$$- \lim_{\Delta x \to 0}\frac{f(x_0)}{g(x_0+\Delta x)\cdot g(x_0)}\cdot\frac{(g_0+\Delta x)-g(x_0)}{\Delta x}$$

$$\frac{d}{dx}\frac{f(x)}{g(x)} = f'(x)\cdot\lim_{\Delta x \to 0}\frac{g(x_0)}{g(x_0+\Delta x)\cdot g(x_0)}-g'(x)\cdot\lim_{\Delta x \to 0}\frac{f(x_0)}{g(x_0+\Delta x)\cdot g(x_0)}$$

$$\boxed{\left(\frac{f(x)}{g(x)}\right)' = \frac{f'(x)\cdot g(x)-f(x)\cdot g'(x)}{(g'(x))^2}}$$

Abb. 7.11 Regel für
Ableitungen (Verkettung)

$$\frac{df(g(x))}{dx} = \frac{df(g(x))}{dg(x)}\cdot\frac{dg(x)}{dx}$$

$$\boxed{(f(g(x)))' = f'g(x)\cdot g'(x)}$$

$$\frac{df(g(h(x)))}{dx} = \frac{df(g(h(x)))}{dg(h(x))}\cdot\frac{dg(h(x))}{dg(x)}\cdot\frac{dg(x)}{dx}$$

$$\boxed{(f(g(h(x))))' = f'g(h(x))\cdot g'(h(x))\cdot h'(x)}$$

$$\dots$$

$$f(x)=\sqrt{g(x)} \quad g(x)=a\cdot x \quad f(g(x))=\sqrt{a\cdot x}$$

$$\frac{df(g(x))}{dx} = \lim_{\Delta x \to 0}\frac{\sqrt{a\cdot(x_0+\Delta x)}-\sqrt{a\cdot x_0}}{\Delta x}\cdot\frac{\sqrt{a\cdot(x_0+\Delta x)}+\sqrt{a\cdot x_0}}{\sqrt{a\cdot(x_0+\Delta x)}+\sqrt{a\cdot x_0}}$$

$$\frac{df(g(x))}{dx} = \lim_{\Delta x \to 0}\frac{a\cdot(x_0+\Delta x)-a\cdot x_0}{\Delta x\cdot(\sqrt{a\cdot(x_0+\Delta x)}+\sqrt{a\cdot x_0})}$$

$$\frac{df(g(x))}{dx} = \frac{a}{\lim\limits_{\Delta x \to 0}(\sqrt{a\cdot(x_0+\Delta x)}+\sqrt{a\cdot x_0})}$$

$$f'(x)=\frac{1}{2\cdot\sqrt{g(x)}} \quad g'(x)=a \quad (f(g(x)))'=\frac{a}{2\cdot\sqrt{a\cdot x}}$$

Abb. 7.12 Ableitungen
von f(x) = 1/x

$$f(x) = \frac{1}{x} = x^{-1}$$

$$\frac{df(x)}{dx} = \frac{d}{dx}\frac{1}{x} = \lim_{\Delta x \to 0} \frac{1}{\Delta x} \cdot \left(\frac{1}{x_0 + \Delta x} - \frac{1}{x_0} \right)$$

$$\frac{df(x)}{dx} = \lim_{\Delta x \to 0} \frac{1}{\Delta x} \cdot \frac{x_0 - (x_0 + \Delta x)}{(x_0 + \Delta x) \cdot x_0} = -\lim_{\Delta x \to 0} \frac{1}{x_0^2 + \Delta x \cdot x_0}$$

$$f'(x) = -\frac{1}{x^2} = -x^{-2}$$

$$f''(x) = \frac{2}{x^3} = 2 \cdot x^{-3}$$

$$f'''(x) = -\frac{6}{x^4} = -6 \cdot x^{-4}$$

$$\dots$$

$$f^n(x) = \frac{(-1)^n \cdot n!}{x^{n+1}}$$

Abb. 7.13 Ableitungen
von f(x) = $\sqrt{x}$

$$f(x) = \sqrt{x} = x^{\frac{1}{2}}$$

$$\frac{df(x)}{dx} = \frac{d\sqrt{x}}{dx} = \lim_{\Delta x \to 0} \frac{\sqrt{(x_0 + \Delta x)} - \sqrt{x_0}}{\Delta x}$$

$$\frac{df(x)}{dx} = \lim_{\Delta x \to 0} \frac{\sqrt{(x_0 + \Delta x)} - \sqrt{x_0}}{\Delta x} \cdot \frac{\sqrt{(x_0 + \Delta x)} + \sqrt{x_0}}{\sqrt{(x_0 + \Delta x)} + \sqrt{x_0}}$$

$$\frac{df(x)}{dx} = \lim_{\Delta x \to 0} \frac{\sqrt{(x_0 + \Delta x)}^2 - \sqrt{x_0}^2}{\Delta x \cdot \left(\sqrt{(x_0 + \Delta x)} + \sqrt{x_0} \right)} = \lim_{\Delta x \to 0} \frac{1}{\sqrt{(x_0 + \Delta x)} + \sqrt{x_0}}$$

$$f'(x) = \frac{1}{2 \cdot \sqrt{x}} = \frac{1}{2} \cdot x^{-\frac{1}{2}}$$

$$f''(x) = -\frac{1}{4} \cdot x^{-\frac{3}{2}}$$

$$f'''(x) = \frac{3}{8} \cdot x^{-\frac{5}{2}}$$

$$\dots$$

$$f^n(x) = \frac{(-1)^{n-1} \cdot |2 \cdot n - 3|!!}{2^n \cdot \sqrt{x^{2 \cdot n - 1}}}$$

$$|2 \cdot n - 3|!! = 1 \cdot 1 \cdot 3 \cdot 5 \cdot 7 \cdot 9 \cdot 11 \cdot 13 \cdot 15 \cdot 17 \cdot \dots \cdot (2 \cdot n - 3)$$

OEIS: A001147 (1, 1, 3, 15, 105, 945, 10.395, 135.135, 2.027.025, 34.459.425, …)

Abb. 7.14 Mittelwertverfahren (I): Annäherung

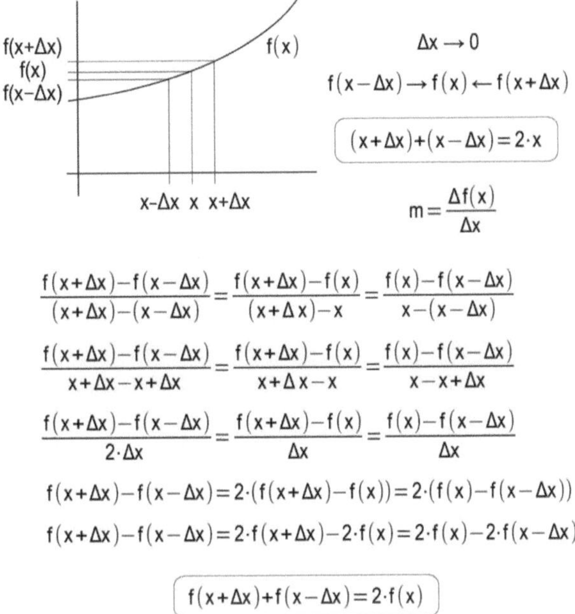

$$\frac{f(x+\Delta x)-f(x-\Delta x)}{(x+\Delta x)-(x-\Delta x)}=\frac{f(x+\Delta x)-f(x)}{(x+\Delta x)-x}=\frac{f(x)-f(x-\Delta x)}{x-(x-\Delta x)}$$

$$\frac{f(x+\Delta x)-f(x-\Delta x)}{x+\Delta x-x+\Delta x}=\frac{f(x+\Delta x)-f(x)}{x+\Delta x-x}=\frac{f(x)-f(x-\Delta x)}{x-x+\Delta x}$$

$$\frac{f(x+\Delta x)-f(x-\Delta x)}{2\cdot\Delta x}=\frac{f(x+\Delta x)-f(x)}{\Delta x}=\frac{f(x)-f(x-\Delta x)}{\Delta x}$$

$$f(x+\Delta x)-f(x-\Delta x)=2\cdot(f(x+\Delta x)-f(x))=2\cdot(f(x)-f(x-\Delta x))$$

$$f(x+\Delta x)-f(x-\Delta x)=2\cdot f(x+\Delta x)-2\cdot f(x)=2\cdot f(x)-2\cdot f(x-\Delta x)$$

$$f(x+\Delta x)+f(x-\Delta x)=2\cdot f(x)$$

Abb. 7.15 Mittelwertverfahren (II):
Entwicklung

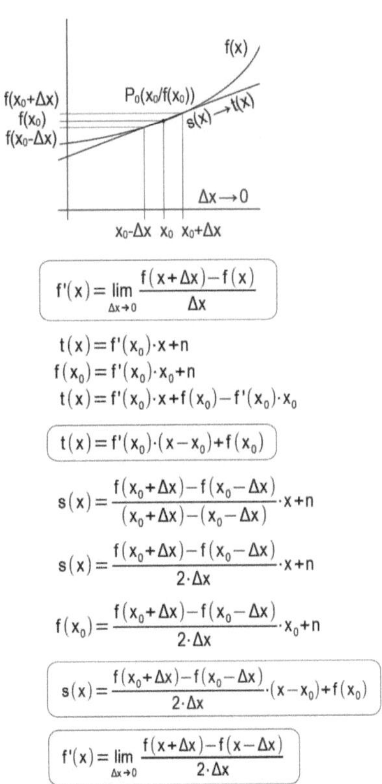

$$f'(x)=\lim_{\Delta x\to 0}\frac{f(x+\Delta x)-f(x)}{\Delta x}$$

$$t(x)=f'(x_0)\cdot x+n$$
$$f(x_0)=f'(x_0)\cdot x_0+n$$
$$t(x)=f'(x_0)\cdot x+f(x_0)-f'(x_0)\cdot x_0$$

$$t(x)=f'(x_0)\cdot(x-x_0)+f(x_0)$$

$$s(x)=\frac{f(x_0+\Delta x)-f(x_0-\Delta x)}{(x_0+\Delta x)-(x_0-\Delta x)}\cdot x+n$$

$$s(x)=\frac{f(x_0+\Delta x)-f(x_0-\Delta x)}{2\cdot\Delta x}\cdot x+n$$

$$f(x_0)=\frac{f(x_0+\Delta x)-f(x_0-\Delta x)}{2\cdot\Delta x}\cdot x_0+n$$

$$s(x)=\frac{f(x_0+\Delta x)-f(x_0-\Delta x)}{2\cdot\Delta x}\cdot(x-x_0)+f(x_0)$$

$$f'(x)=\lim_{\Delta x\to 0}\frac{f(x+\Delta x)-f(x-\Delta x)}{2\cdot\Delta x}$$

Abb. 7.16 Mittelwertverfahren (III): Anwendung

$$f(x) = x^2$$

$$f'(x) = \lim_{\Delta x \to 0} \frac{(x+\Delta x)^2 - (x-\Delta x)^2}{2 \cdot \Delta x}$$

$$f'(x) = \lim_{\Delta x \to 0} \frac{x^2 + 2 \cdot x \cdot \Delta x + \Delta^2 x - x^2 + 2 \cdot x \cdot \Delta x - \Delta^2 x}{2 \cdot \Delta x}$$

$$f'(x) = 2 \cdot x$$

$$f(x) = \sqrt{x}$$

$$f'(x) = \lim_{\Delta x \to 0} \frac{\left(\sqrt{x+\Delta x} - \sqrt{x-\Delta x}\right) \cdot \left(\sqrt{x+\Delta x} + \sqrt{x-\Delta x}\right)}{2 \cdot \Delta x \cdot \left(\sqrt{x+\Delta x} + \sqrt{x-\Delta x}\right)}$$

$$f'(x) = \lim_{\Delta x \to 0} \frac{x + \Delta x - x + \Delta x}{2 \cdot \Delta x \cdot \left(\sqrt{x+\Delta x} + \sqrt{x-\Delta x}\right)}$$

$$f'(x) = \frac{1}{2 \cdot \sqrt{x}}$$

$$f(x) = \frac{1}{x}$$

$$f'(x) = \lim_{\Delta x \to 0} \frac{1}{2 \cdot \Delta x} \cdot \left(\frac{1}{x+\Delta x} - \frac{1}{x-\Delta x}\right)$$

$$f'(x) = \lim_{\Delta x \to 0} \frac{1}{2 \cdot \Delta x} \cdot \frac{x - \Delta x - x - \Delta x}{(x+\Delta x) \cdot (x-\Delta x)}$$

$$f'(x) = -\frac{1}{x^2}$$

jeweils zwei der drei Punkte zu Tangenten (Abb. 7.15). Es entsteht eine neue Formel für einen *Differenzialquotienten*, der sich nicht mehr auf den ursprünglichen Punkt, sondern auf die beiden benachbarten Punkte stützt. Damit können Ableitungen ebenso gut berechnet werden wie mit dem in Lehrwerken beschriebenen Verfahren, wie hier an drei Beispielen gezeigt (Abb. 7.16).

Auch im Zeitalter des maschinellen Rechnens helfen Grundfertigkeiten bei der Arbeit mit Gleichungen und Rechenverfahren: *Implizite Differenziation* ermöglicht es, den Ausdruck f'(x) zu bestimmen, wenn die vorhandene Gleichung nicht (oder nicht mit vertretbarem Aufwand) nach y = f(x) umformbar ist (Abb. 7.17). Hier wird d/dx auf alle Terme angewendet: Handelt es sich um Terme ausschließlich in x, gelten die oben hergeleiteten Regeln; handelt es sich um Terme in y, wird die Ableitungsregel für Produkte von Funktionen angewendet. Ein Term y wird dabei in einer Rechnung zu dy/dx, ein Term 2 · y zu 2 · dy/dx und ein Term y², wie hier im mittleren Beispiel, wird zu 2 · y · dy/dx (innere mal äußere Ableitung).

Wie erwähnt, gibt es nicht nur Funktionen der Art f(x), die zu Kurven in der Ebene führen (D_1, D_2), sondern auch solche der Art f(x_1,x_2), die Flächen im Raum ergeben (D_3), sowie höhere Gebilde. Gesucht wird also ein Ansatz für Berechnungen über verschiedene Größen, Größenordnungen und Ausdehnungen hinweg; Beispiele sind die Bewegung von Körpern oder Fließvorgänge, aber auch die Ausbreitung von Feldern. Solches kann mit Ableitungen nach den eben gezeigten Rechenregeln geschehen –

Abb. 7.17 Implizite Differenziation

$$\boxed{x+y+1=0 \quad \text{implizit}} \qquad \boxed{y=f(x)=-x-1 \quad \text{explizit}}$$

$$\frac{d}{dx}x+\frac{d}{dx}y+\frac{d}{dx}1=\frac{d}{dx}0$$

$$1+\frac{dy}{dx}=0$$

$$\boxed{\frac{dy}{dx}=f'(x)=-1}$$

$$\boxed{x^2+y^2=r^2 \quad \text{implizit}} \qquad r>0 \qquad \boxed{y=f(x)=\pm\sqrt{(r^2-x^2)} \quad \text{explizit}}$$

$$\frac{d}{dx}x^2+\frac{d}{dx}y^2=\frac{d}{dx}r^2 \qquad f'(x)=(r^2-x^2)'\cdot\left((r^2-x^2)^{\frac{1}{2}}\right)'$$

$$2\cdot x+2\cdot y\cdot\frac{dy}{dx}=0$$

$$\boxed{\frac{dy}{dx}=-\frac{x}{y}=f'(x)=\pm\frac{x}{\sqrt{(r^2-x^2)}}}$$

$$\boxed{x^2\cdot y+x\cdot y^2+1=0 \quad \text{implizit}} \qquad \boxed{? \quad \text{explizit}}$$

$$\frac{d}{dx}x^2\cdot y+\frac{d}{dx}x\cdot y^2+\frac{d}{dx}1=\frac{d}{dx}0$$

$$y\cdot\frac{d}{dx}x^2+x^2\cdot\frac{dy}{dx}+y^2\cdot\frac{d}{dx}x+x\cdot\frac{d}{dx}y^2=0$$

$$2\cdot x\cdot y+2\cdot x^2\cdot y\cdot\frac{dy}{dx}+y^2+2\cdot x\cdot y\cdot\frac{dy}{dx}=0$$

$$\boxed{\frac{dy}{dx}=-\frac{2\cdot x\cdot y+y^2}{x^2+2\cdot x\cdot y}}$$

unter Beachtung der verschiedenen Ausdehnungen oder Richtungen: *Partielle Differenziation* ist das Ableiten zunächst nach der einen und dann der nächsten Größe (Abb. 7.18); dabei wird aus traditionellen Gründen ein geschwungenes d geschrieben. Hier zeigen sich die Möglichkeiten der Ableitung einer Funktion $f(x_1,x_2)$ zweier Größen: Eine Ableitung 1. Ordnung ist eine einmalige Ableitung, entweder nach der einen oder nach der anderen Größe. Eine Ableitung zweiter Ordnung ist eine zweimalige Ableitung, wahlweise zweimal nach der einen Größe, nach der anderen Größe oder nacheinander jeweils nach zwei verschiedenen Größen. Daraus ergibt sich eine endliche, aber eben schnell wachsende Vielfalt von Ableitungen (Gottwald et al., 1995). Dies lässt sich auf Funktionen $f(x_1,\ldots,x_n)$ beliebig vieler Größen anwenden (Abb. 7.19).

Satz von Schwarz: *Partielle Ableitungen liefern gleiche Ergebnisse bei unterschiedlicher Reihenfolge der Ableitungen. Zweimaliges Ableiten von $f(x_1,x_2)$ erst nach x_1 und dann nach x_2 führt zum gleichen Ergebnis wie das umgekehrte Vorgehen:*
$$df(x_1,x_2)/dx_1dx_2 = df(x_1,x_2)/dx_2dx_1$$

Ein anschauliches Beispiel liefert der Quader (Abb. 7.20): Wird die Formel des Rauminhalts nach den Kanten abgeleitet, ergeben sich jeweils die zu den Kanten

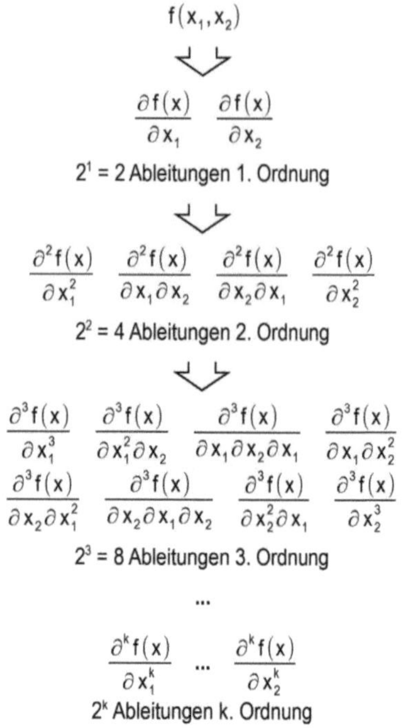

Abb. 7.18 Regeln für die Partielle Differenziation (1)

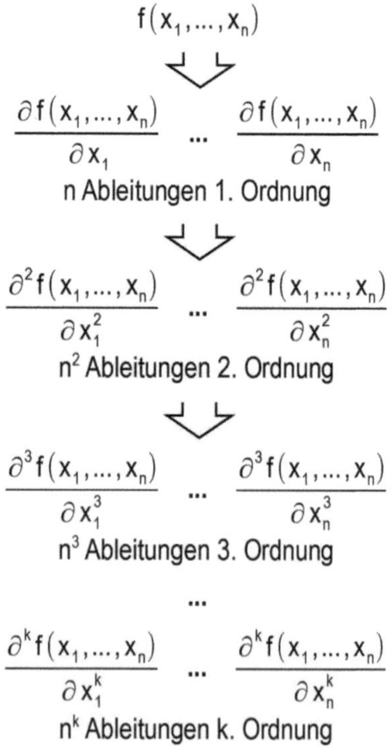

$$f(x_1, x_2)$$

$$\frac{\partial f(x)}{\partial x_1} \quad \frac{\partial f(x)}{\partial x_2}$$

$2^1 = 2$ Ableitungen 1. Ordnung

$$\frac{\partial^2 f(x)}{\partial x_1^2} \quad \frac{\partial^2 f(x)}{\partial x_1 \partial x_2} \quad \frac{\partial^2 f(x)}{\partial x_2 \partial x_1} \quad \frac{\partial^2 f(x)}{\partial x_2^2}$$

$2^2 = 4$ Ableitungen 2. Ordnung

$$\frac{\partial^3 f(x)}{\partial x_1^3} \quad \frac{\partial^3 f(x)}{\partial x_1^2 \partial x_2} \quad \frac{\partial^3 f(x)}{\partial x_1 \partial x_2 \partial x_1} \quad \frac{\partial^3 f(x)}{\partial x_1 \partial x_2^2}$$

$$\frac{\partial^3 f(x)}{\partial x_2 \partial x_1^2} \quad \frac{\partial^3 f(x)}{\partial x_2 \partial x_1 \partial x_2} \quad \frac{\partial^3 f(x)}{\partial x_2^2 \partial x_1} \quad \frac{\partial^3 f(x)}{\partial x_2^3}$$

$2^3 = 8$ Ableitungen 3. Ordnung

...

$$\frac{\partial^k f(x)}{\partial x_1^k} \quad ... \quad \frac{\partial^k f(x)}{\partial x_2^k}$$

2^k Ableitungen k. Ordnung

Abb. 7.19 Regeln für die Partielle Differenziation (2)

$$f(x_1, ..., x_n)$$

$$\frac{\partial f(x_1, ..., x_n)}{\partial x_1} \quad ... \quad \frac{\partial f(x_1, ..., x_n)}{\partial x_n}$$

n Ableitungen 1. Ordnung

$$\frac{\partial^2 f(x_1, ..., x_n)}{\partial x_1^2} \quad ... \quad \frac{\partial^2 f(x_1, ..., x_n)}{\partial x_n^2}$$

n^2 Ableitungen 2. Ordnung

$$\frac{\partial^3 f(x_1, ..., x_n)}{\partial x_1^3} \quad ... \quad \frac{\partial^3 f(x_1, ..., x_n)}{\partial x_n^3}$$

n^3 Ableitungen 3. Ordnung

...

$$\frac{\partial^k f(x_1, ..., x_n)}{\partial x_1^k} \quad ... \quad \frac{\partial^k f(x_1, ..., x_n)}{\partial x_n^k}$$

n^k Ableitungen k. Ordnung

Abb. 7.20 Partielle
Differenziation
(Beispiel: Quader)

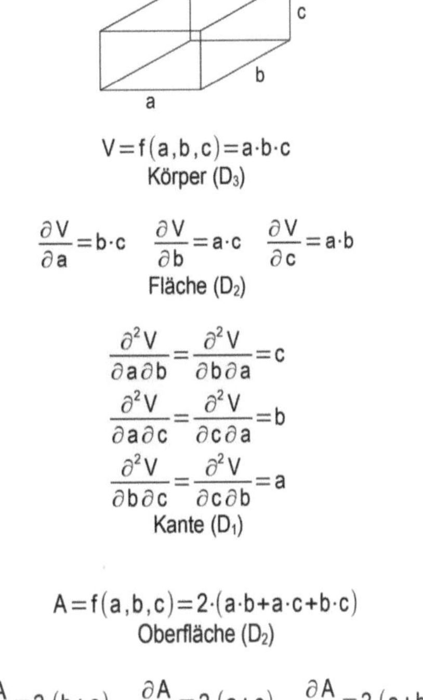

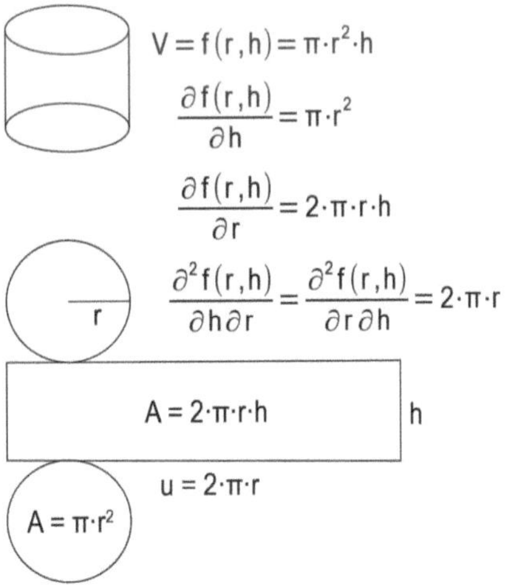

$$V = f(a,b,c) = a \cdot b \cdot c$$
Körper (D$_3$)

$$\frac{\partial V}{\partial a} = b \cdot c \qquad \frac{\partial V}{\partial b} = a \cdot c \qquad \frac{\partial V}{\partial c} = a \cdot b$$
Fläche (D$_2$)

$$\frac{\partial^2 V}{\partial a \partial b} = \frac{\partial^2 V}{\partial b \partial a} = c$$

$$\frac{\partial^2 V}{\partial a \partial c} = \frac{\partial^2 V}{\partial c \partial a} = b$$

$$\frac{\partial^2 V}{\partial b \partial c} = \frac{\partial^2 V}{\partial c \partial b} = a$$
Kante (D$_1$)

$$A = f(a,b,c) = 2 \cdot (a \cdot b + a \cdot c + b \cdot c)$$
Oberfläche (D$_2$)

$$\frac{\partial A}{\partial a} = 2 \cdot (b+c) \qquad \frac{\partial A}{\partial b} = 2 \cdot (a+c) \qquad \frac{\partial A}{\partial c} = 2 \cdot (a+b)$$
Umfang Seitenfläche (D$_1$)

Abb. 7.21 Partielle
Differenziation (Beispiel:
Zylinder) (1)

$$V = f(r,h) = \pi \cdot r^2 \cdot h$$

$$\frac{\partial f(r,h)}{\partial h} = \pi \cdot r^2$$

$$\frac{\partial f(r,h)}{\partial r} = 2 \cdot \pi \cdot r \cdot h$$

$$\frac{\partial^2 f(r,h)}{\partial h \partial r} = \frac{\partial^2 f(r,h)}{\partial r \partial h} = 2 \cdot \pi \cdot r$$

$$A = 2 \cdot \pi \cdot r \cdot h \qquad h$$

$$u = 2 \cdot \pi \cdot r$$

$$A = \pi \cdot r^2$$

rechtwinkligen Flächen. Bei zweifacher Ableitung ergibt sich eine der drei Kanten;
die Reihenfolge der Ableitungen ist wie gerade erwähnt vertauschbar. Wird die Formel der Oberfläche nach den Kanten abgeleitet, ergeben sich die Umfänge der zu
den Kanten rechtwinkligen Flächen. Darauf wurde schon hingewiesen, und hier
zeigt es sich: Ableitungen von Größen führen zur jeweils nächstniedrigeren Aus-

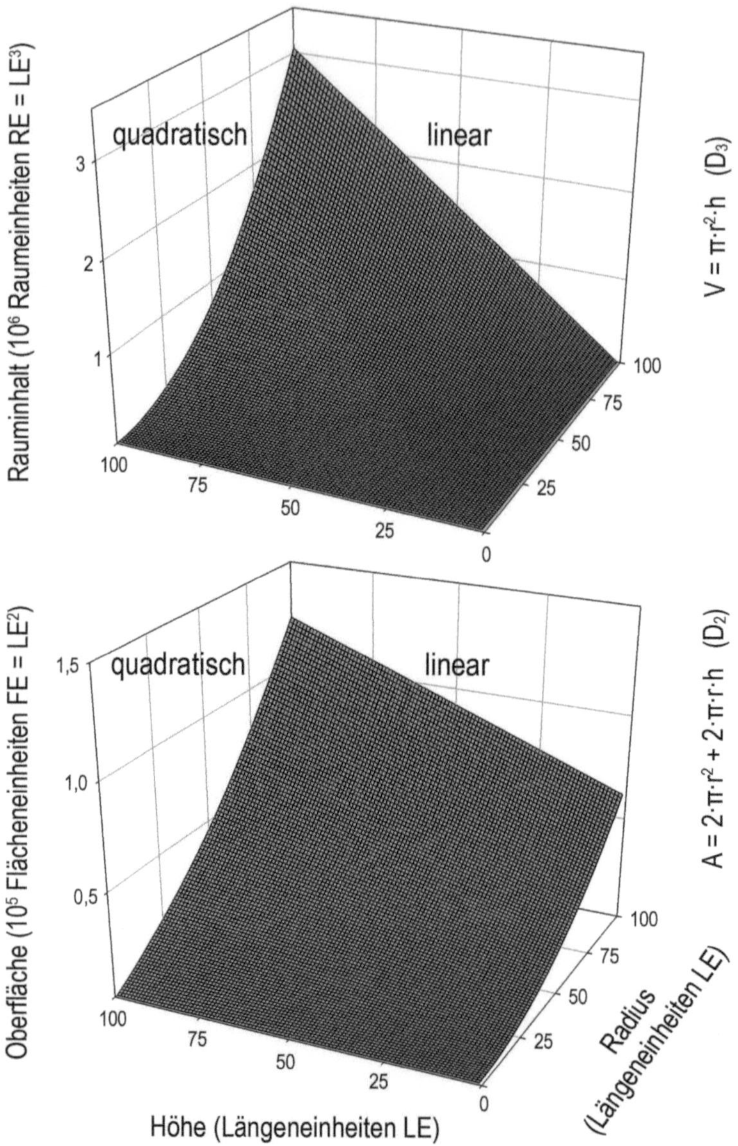

Abb. 7.22 Partielle Differenziation (Beispiel: Zylinder) (2)

dehnung – von Raum zur Fläche, von der Fläche zur Strecke. Das zeigt sich ebenso anschaulich am Zylinder (Abb. 7.21); hier sind die Zusammenhänge zwischen den Größen bildlich dargestellt (Abb. 7.22). Das letzte Beispiel ist eher zweckfrei, zeigt aber recht gut, dass ein Rechenverfahren, angewendet auf verschiedene Funktionstypen, Ergebnisse ähnlicher Gestalt bringt – auch hier unter Nutzung des Satzes von *Schwarz* (Abb. 7.23).

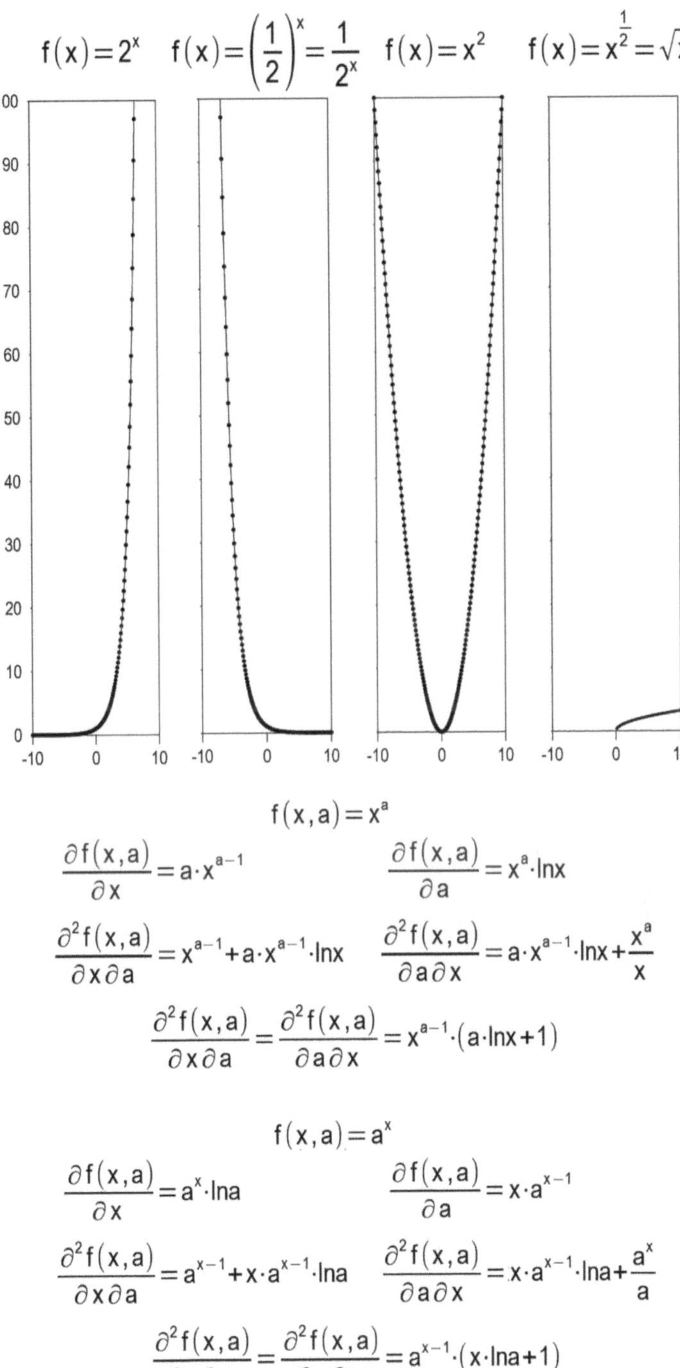

$$f(x,a) = x^a$$

$$\frac{\partial f(x,a)}{\partial x} = a \cdot x^{a-1} \qquad\qquad \frac{\partial f(x,a)}{\partial a} = x^a \cdot \ln x$$

$$\frac{\partial^2 f(x,a)}{\partial x \partial a} = x^{a-1} + a \cdot x^{a-1} \cdot \ln x \qquad \frac{\partial^2 f(x,a)}{\partial a \partial x} = a \cdot x^{a-1} \cdot \ln x + \frac{x^a}{x}$$

$$\frac{\partial^2 f(x,a)}{\partial x \partial a} = \frac{\partial^2 f(x,a)}{\partial a \partial x} = x^{a-1} \cdot (a \cdot \ln x + 1)$$

$$f(x,a) = a^x$$

$$\frac{\partial f(x,a)}{\partial x} = a^x \cdot \ln a \qquad\qquad \frac{\partial f(x,a)}{\partial a} = x \cdot a^{x-1}$$

$$\frac{\partial^2 f(x,a)}{\partial x \partial a} = a^{x-1} + x \cdot a^{x-1} \cdot \ln a \qquad \frac{\partial^2 f(x,a)}{\partial a \partial x} = x \cdot a^{x-1} \cdot \ln a + \frac{a^x}{a}$$

$$\frac{\partial^2 f(x,a)}{\partial x \partial a} = \frac{\partial^2 f(x,a)}{\partial a \partial x} = a^{x-1} \cdot (x \cdot \ln a + 1)$$

Abb. 7.23 Partielle Differenziation: Symmetrie von Termen

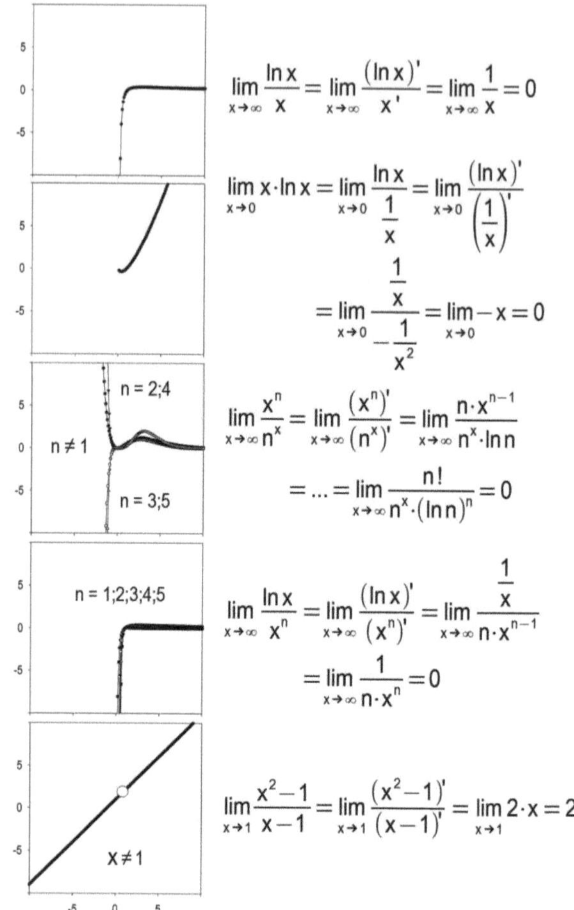

Abb. 7.24 Anwendungen der Bernoulli-L'Hospital-Regel

$$\lim_{x \to \infty} \frac{\ln x}{x} = \lim_{x \to \infty} \frac{(\ln x)'}{x'} = \lim_{x \to \infty} \frac{1}{x} = 0$$

$$\lim_{x \to 0} x \cdot \ln x = \lim_{x \to 0} \frac{\ln x}{\dfrac{1}{x}} = \lim_{x \to 0} \frac{(\ln x)'}{\left(\dfrac{1}{x}\right)'}$$

$$= \lim_{x \to 0} \frac{\dfrac{1}{x}}{-\dfrac{1}{x^2}} = \lim_{x \to 0} -x = 0$$

$$\lim_{x \to \infty} \frac{x^n}{n^x} = \lim_{x \to \infty} \frac{(x^n)'}{(n^x)'} = \lim_{x \to \infty} \frac{n \cdot x^{n-1}}{n^x \cdot \ln n}$$

$$= \ldots = \lim_{x \to \infty} \frac{n!}{n^x \cdot (\ln n)^n} = 0$$

$$\lim_{x \to \infty} \frac{\ln x}{x^n} = \lim_{x \to \infty} \frac{(\ln x)'}{(x^n)'} = \lim_{x \to \infty} \frac{\dfrac{1}{x}}{n \cdot x^{n-1}}$$

$$= \lim_{x \to \infty} \frac{1}{n \cdot x^n} = 0$$

$$\lim_{x \to 1} \frac{x^2 - 1}{x - 1} = \lim_{x \to 1} \frac{(x^2 - 1)'}{(x - 1)'} = \lim_{x \to 1} 2 \cdot x = 2$$

Bereits gewarnt wurde davor, sich an unbestimmten Ausdrücken wie 0/0 oder ∞/∞ abzuarbeiten. Sie sind mit Grenzwertansätzen fassbar. *Johann Bernoulli (I)* und sein Schüler *Guillaume François Antoine, Marquis de l'Hospital*, in den einführenden Bemerkungen kurz tabellarisch aufgeführt, fanden bereit im späten 17. Jahrhundert, dass mitunter ein Umweg über die 1. Ableitungen möglich ist (Abb. 7.24): Führt also die Suche nach den Grenzwerten insbesondere von Bruchtermen mit dem üblichen Einsetzen zu unbestimmten Ausdrücken, können Zähler und Nenner in ihre jeweiligen 1. Ableitungen umgewandelt werden; damit lassen sich die Grenzwerte zuverlässig bestimmen.

***Querverweis (Differenzialgleichungen):** Aus f(x) = x² mit f′(x) = 2 · x und f″(x) = 2 lassen sich Gleichungen wie 2 · f(x) = x · f′(x) oder (f′(x))² = 4 · f(x) oder auch f(x) = (f′(x)/f″(x))² erzeugen. Dies sind Differenzialgleichungen; sie werden nicht durch Zahlen erfüllt, sondern durch Funktionen – hier eben f(x) = x². Solche Gleichungen dienen dazu, veränderliche Zusammenhänge mehrerer Größen zu zeigen; sie sind heute in verschiedenen Fachgebieten unentbehrlich (Reinhardt, 2008; Precup, 2018).*

Literatur

Gottwald, S., et al. (Hrsg.). (1995). *Meyers Kleine Enzyklopädie Mathematik*. Meyers Lexikon.
Precup, R. (2018). *Ordinary Differential Equations*. De Gruyter.
Reinhardt, H.-J. (2008). *Numerik gewöhnlicher Differentialgleichungen*. De Gruyter.

Integration – Herleitung und Rechenregeln   8

Zusammenfassung

Der zweite Teil der Analysis wird hergeleitet und dabei der Hauptsatz der Analysis dargestellt.

Integration als zweiter Teil der *Analysis* ist nicht nur das ergänzende Rechenverfahren zur *Differenziation*. Sie ermöglicht mit der Längen-, Flächen- oder Raumbestimmung, vor allem aber bei Anwendung auf viele andere Größen und damit verschiedene Fachgebiete, über die klassisch-antike Mathematik hinaus zu wirken. Auch hier sind zahlreiche Ansätze aus dem schulischen Lehrstoff als bekannt anzunehmen. Tatsächlich ist die *Integration* oft aufwendiger als die *Differenziation*, obwohl beide „eigentlich" Gegenrechnungen sind (mit anderen Worten ist es vergleichsweise einfach, ein Ergebnis durch Ableiten nachzuprüfen, als dieses Ergebnis zu erhalten). Im Einzelfall ist also abhängig von der Schwierigkeit der Aufgabe dreierlei möglich:

- Der Ansatz gelingt mit den nachfolgend dargestellten Verfahren.
- Der Ansatz gelingt mittels einer *Integraltabelle*. Dank einer Vorgeschichte von 300 Jahren sind in zahlreichen Lehrwerken und auch im Netz viele *Funktionsintegrale* zu finden, die ansonsten mühselig hergeleitet werden müssten (Bronstein & Semendjajew, 1981).
- Der Ansatz gelingt durch Verfahren, die in Lehrwerken unter dem Stichwort *Numerische Integration* erscheinen; diese sind nicht Gegenstand des Buchs.

In früheren Zeiten wurden besondere Messgeräte genutzt (*Integratoren, Planimeter*); auch das Auszählen der Kästchen auf dem verwendeten Papier war näherungsweise hilfreich.

Die Berechnung von Flächen unter Kurven wird oft mittels Zerlegen dieser Flächen in rechteckige Streifen eingeführt. Dabei werden jeweils die Obersummen der etwas zu großen und die Untersummen der etwas zu kleinen Rechtecke gebildet, die dann gegeneinander und damit gegen den „wahren" Wert streben, wenn sich die Streifenbreite in x-Richtung immer mehr vermindert und letztlich „fast" Null wird. Zerlegen der Fläche in trapezförmige Streifen mindert den Rechenaufwand (Abb. 8.1). Es entstehen Summen von Termen, die durch geschicktes Summieren und Ausklammern mit anschließender Grenzwertbildung eine noch wenig anwendungsfreundlich erscheinende Gleichung liefern. Ein Beispiel wie die bekannte

Abb. 8.1 Integration mit der Trapezmethode

$$A = \sum_{i=1}^{n} A_i \qquad \Delta x = \frac{x_2 - x_1}{n}$$
$$n \to \infty$$

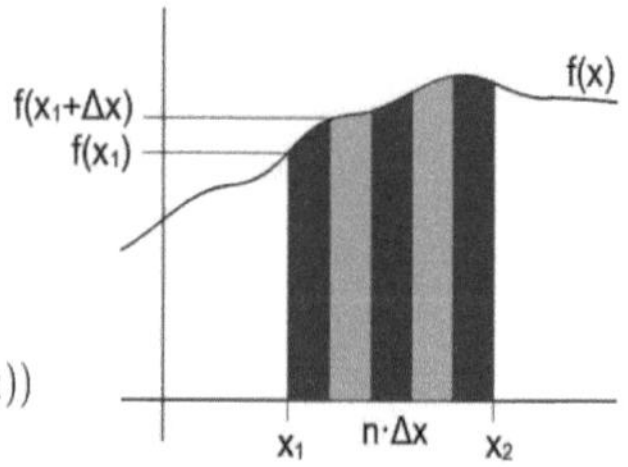

$$A_1 = \frac{\Delta x}{2} \cdot \left(f(x_1) + f(x_1 + \Delta x) \right)$$

$$A_2 = \frac{\Delta x}{2} \cdot \left(f(x_1 + \Delta x) + f(x_1 + 2 \cdot \Delta x) \right)$$

$$\dots$$

$$A_n = \frac{\Delta x}{2} \cdot \left(f(x_1 + (n-1) \cdot \Delta x) + f(x_1 + n \cdot \Delta x) \right)$$

$$A = \lim_{n \to \infty} \left(\frac{\Delta x}{2} \cdot \left(f(x_1) + f(x_1 + \Delta x) + \dots \right.\right.$$
$$\left.\left. \dots + f(x_1 + (n-1) \cdot \Delta x) + f(x_1 + n \cdot \Delta x) \right) \right)$$

$$x_1 = \left(1 - \frac{0}{n} \right) \cdot x_1 + \frac{0}{n} \cdot x_2$$

$$x_1 + \Delta x = \left(1 - \frac{1}{n} \right) \cdot x_1 + \frac{1}{n} \cdot x_2$$

$$\dots$$

$$x_1 + n \cdot \Delta x = \left(1 - \frac{n}{n} \right) \cdot x_1 + \frac{n}{n} \cdot x_2 = x_2$$

$$A = \lim_{n \to \infty} \left(\frac{x_2 - x_1}{2 \cdot n} \cdot \left(f(x_1) + f(x_2) + 2 \cdot \sum_{i=1}^{n-1} f\left(\left(1 - \frac{i}{n} \right) \cdot x_1 + \frac{i}{n} \cdot x_2 \right) \right) \right)$$

$$\lim_{n \to \infty} \left(\frac{x_2 - x_1}{2 \cdot n} \cdot \left(f(x_1) + f(x_2) \right) \right) = 0$$

$$A = \lim_{n \to \infty} \left(\frac{x_2 - x_1}{n} \cdot \sum_{i=1}^{n-1} f\left(\left(1 - \frac{i}{n} \right) \cdot x_1 + \frac{i}{n} \cdot x_2 \right) \right)$$

Abb. 8.2 Trapezmethode
für f(x) = x

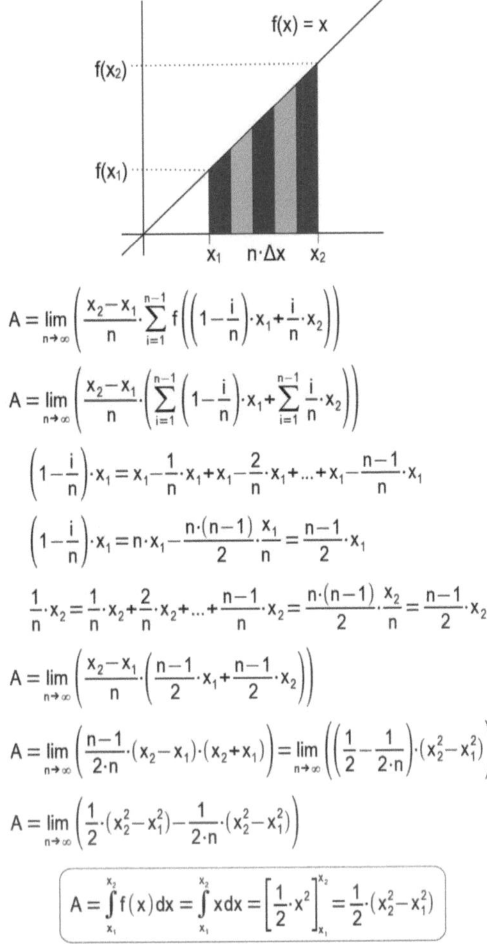

$$A = \lim_{n \to \infty} \left(\frac{x_2 - x_1}{n} \cdot \sum_{i=1}^{n-1} f\left(\left(1 - \frac{i}{n}\right) \cdot x_1 + \frac{i}{n} \cdot x_2 \right) \right)$$

$$A = \lim_{n \to \infty} \left(\frac{x_2 - x_1}{n} \cdot \left(\sum_{i=1}^{n-1} \left(1 - \frac{i}{n}\right) \cdot x_1 + \sum_{i=1}^{n-1} \frac{i}{n} \cdot x_2 \right) \right)$$

$$\left(1 - \frac{i}{n}\right) \cdot x_1 = x_1 - \frac{1}{n} \cdot x_1 + x_1 - \frac{2}{n} \cdot x_1 + \ldots + x_1 - \frac{n-1}{n} \cdot x_1$$

$$\left(1 - \frac{i}{n}\right) \cdot x_1 = n \cdot x_1 - \frac{n \cdot (n-1)}{2} \cdot \frac{x_1}{n} = \frac{n-1}{2} \cdot x_1$$

$$\frac{1}{n} \cdot x_2 = \frac{1}{n} \cdot x_2 + \frac{2}{n} \cdot x_2 + \ldots + \frac{n-1}{n} \cdot x_2 = \frac{n \cdot (n-1)}{2} \cdot \frac{x_2}{n} = \frac{n-1}{2} \cdot x_2$$

$$A = \lim_{n \to \infty} \left(\frac{x_2 - x_1}{n} \cdot \left(\frac{n-1}{2} \cdot x_1 + \frac{n-1}{2} \cdot x_2 \right) \right)$$

$$A = \lim_{n \to \infty} \left(\frac{n-1}{2 \cdot n} \cdot (x_2 - x_1) \cdot (x_2 + x_1) \right) = \lim_{n \to \infty} \left(\left(\frac{1}{2} - \frac{1}{2 \cdot n} \right) \cdot (x_2^2 - x_1^2) \right)$$

$$A = \lim_{n \to \infty} \left(\frac{1}{2} \cdot (x_2^2 - x_1^2) - \frac{1}{2 \cdot n} \cdot (x_2^2 - x_1^2) \right)$$

$$A = \int_{x_1}^{x_2} f(x)\,dx = \int_{x_1}^{x_2} x\,dx = \left[\frac{1}{2} \cdot x^2 \right]_{x_1}^{x_2} = \frac{1}{2} \cdot (x_2^2 - x_1^2)$$

Ursprungskurve von *f(x) = x* führt zum richtigen *Integral* (Abb. 8.2); aber selbst solch eine vergleichsweise einfache Aufgabe ist doch recht aufwendig.

Und so ist es sinnvoll, den Hauptsatz der *Analysis* zu vergegenwärtigen (Abb. 8.3): Gegenrechnungen müssen sich sinnvoll ergänzen. Ebenso sinnvoll ist es, die Herleitungen für die wichtigsten Funktionen zu kennen (Abb. 8.4); hier sind die Vorzeichenwechsel bei den *Trigonometrischen Funktionen* eine übliche Fehlerquelle. Ferner sind die Grenzen der Integration sorgfältig zu bestimmen. Mitunter sind sie durch die Art der Aufgabe vorgegeben, etwa wenn bestimmte Größen nicht kleiner als Null sein können oder Gültigkeitsbereiche einzuhalten sind. An-

Abb. 8.3 Hauptsatz der
Integration/Differenziation

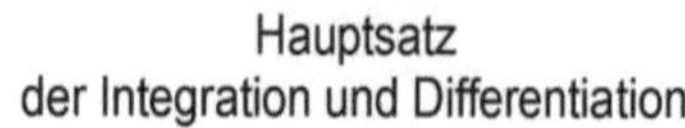

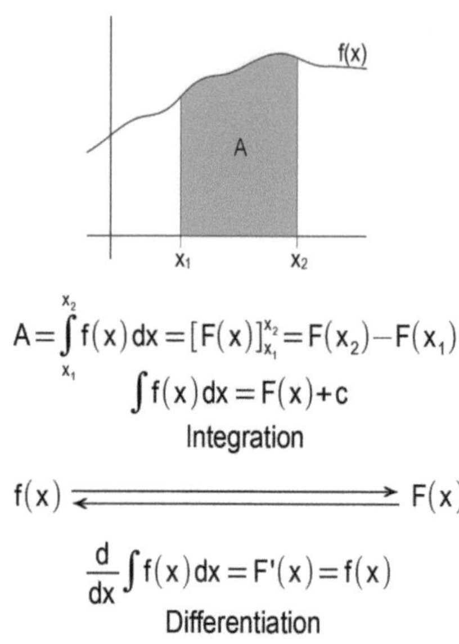

$$A = \int_{x_1}^{x_2} f(x)\,dx = \left[F(x)\right]_{x_1}^{x_2} = F(x_2) - F(x_1)$$

$$\int f(x)\,dx = F(x) + c$$

Integration

$$f(x) \xleftrightarrow{\hspace{3cm}} F(x)$$

$$\frac{d}{dx}\int f(x)\,dx = F'(x) = f(x)$$

Differentiation

sonsten werden sie beispielsweise durch die Nullstellen der Funktion für die jeweilige Kurve bestimmt, durch die Schnittpunkte von Kurven oder die Stellen, an denen Vorzeichenwechsel stattfinden. Im Wesentlichen gibt es neun Fälle (Abb. 8.5). Flächen unterhalb der x-Achse dürfen nicht mit denen oberhalb verrechnet werden; sie haben unterschiedliche Vorzeichen. Daher ist es erforderlich, bestimmte Flächen aufzuteilen und in Teilen zu berechnen, oder die Fläche im Koordinatensystem zu verschieben (was im Einzelfall etwas Übersicht erfordert).

Da Rechenfehler vorkommen können, ist es immer hilfreich, sich der verwendeten Größen, insbesondere der Größenordnungen und Einheiten zu versichern. Das kann durch Überschläge geschehen oder den Vergleich rechnerischer und zeichnerischer Ergebnisse. In einfachen Fällen kann eine Fläche mit „klassischen" Mitteln nachgerechnet werden; dies ist hier an der Fläche unter einer allgemeinen *Linearen Funktion* gezeigt (Abb. 8.6).

Der ursprüngliche Ansatz von *Gottfried Wilhelm Leibniz* erweist sich einmal mehr als lehrreich: Im Beispiel geht es um das Nutzen von *Differenzialen* in der Flächenberechnung (Abb. 8.7). Dabei ist zunächst zu ergründen, wie die Gleichung der Kurve zu einer Gleichung für die Fläche unter dieser führt. Hier ist das Vergrößern der Fläche durch einen sehr geringen Zuwachs (also dx statt Δx) in x-Richtung Gelegenheit, mittels der *Differenziale* dx den Umweg über eine ausführ-

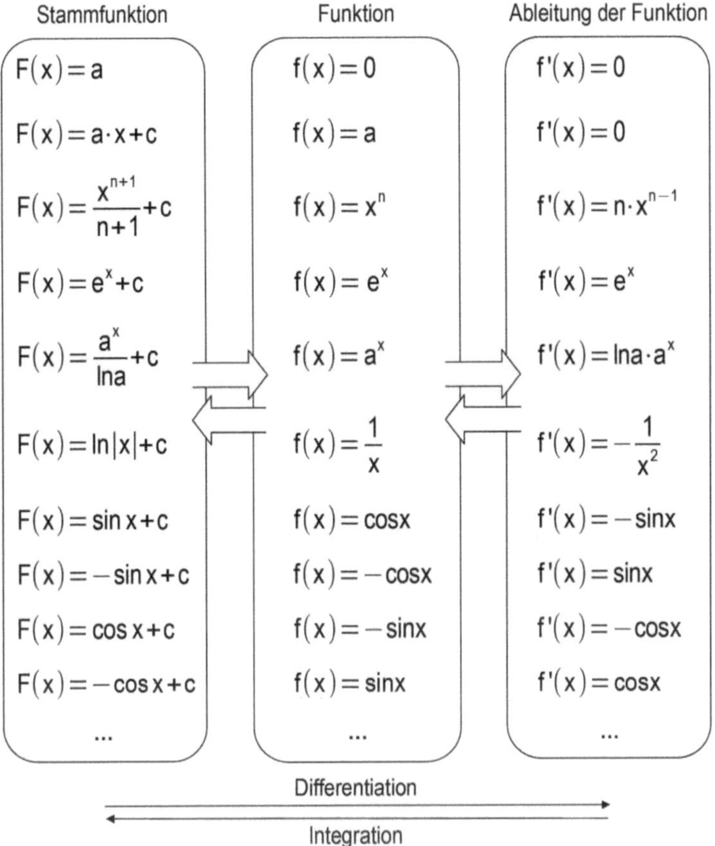

$$F(x) = a \qquad f(x) = 0 \qquad f'(x) = 0$$

$$F(x) = a \cdot x + c \qquad f(x) = a \qquad f'(x) = 0$$

$$F(x) = \frac{x^{n+1}}{n+1} + c \qquad f(x) = x^{n} \qquad f'(x) = n \cdot x^{n-1}$$

$$F(x) = e^{x} + c \qquad f(x) = e^{x} \qquad f'(x) = e^{x}$$

$$F(x) = \frac{a^{x}}{\ln a} + c \qquad f(x) = a^{x} \qquad f'(x) = \ln a \cdot a^{x}$$

$$F(x) = \ln|x| + c \qquad f(x) = \frac{1}{x} \qquad f'(x) = -\frac{1}{x^{2}}$$

$$F(x) = \sin x + c \qquad f(x) = \cos x \qquad f'(x) = -\sin x$$

$$F(x) = -\sin x + c \qquad f(x) = -\cos x \qquad f'(x) = \sin x$$

$$F(x) = \cos x + c \qquad f(x) = -\sin x \qquad f'(x) = -\cos x$$

$$F(x) = -\cos x + c \qquad f(x) = \sin x \qquad f'(x) = \cos x$$

Abb. 8.4 Anwendung des Hauptsatzes an Beispielen

liche Grenzwertuntersuchung zu vermeiden. Gewiss kann im Einzelfall der Rechenaufwand etwas höher ausfallen, was aber als Anreiz verstanden werden sollte (Abb. 8.8). Der Ansatz ist etwas anzupassen, wenn der Zuwachs der Fläche in beiden Raumrichtungen erfolgt (Abb. 8.9); die Flächenformel des Kreises wird noch hergeleitet.

Integration von Bruchtermen, Wurzeln, Verkettungen ist besonders herausfordernd. Bruchterme deuten üblicherweise auf Polstellen; die betreffenden Kurven sind mehrteilig. Ein altbewährtes, wenn auch aufwendiges Verfahren ist die Integration durch mittels Zerlegung in *Partialbrüche (Gottwald et al., 1995)*: Addition/Subtraktion von Brüchen erfordert bekanntlich das Finden des Hauptnenners; sofern nichts anderes möglich ist, wird das Produkt der einzelnen Nenner verwen-

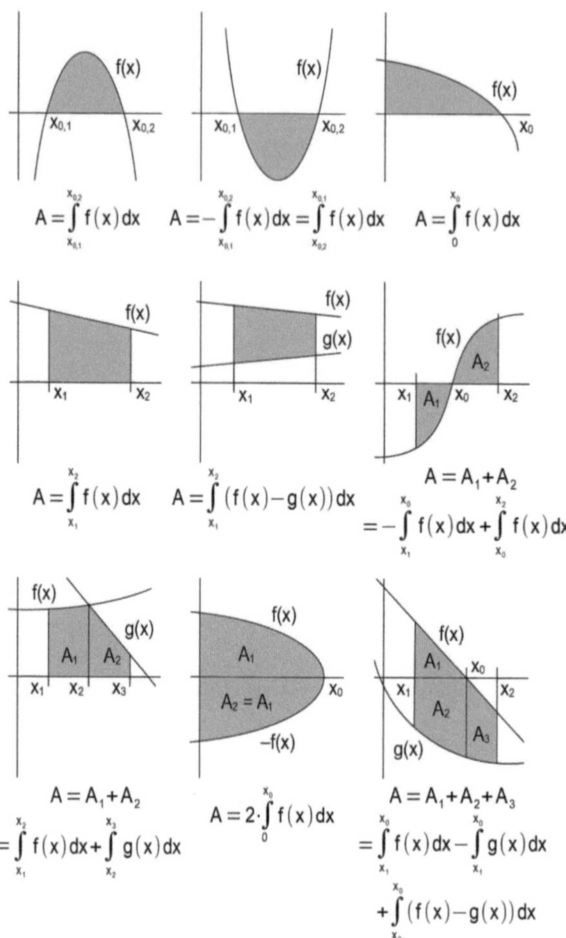

Abb. 8.5　Flächenbestimmung an üblichen Beispielen

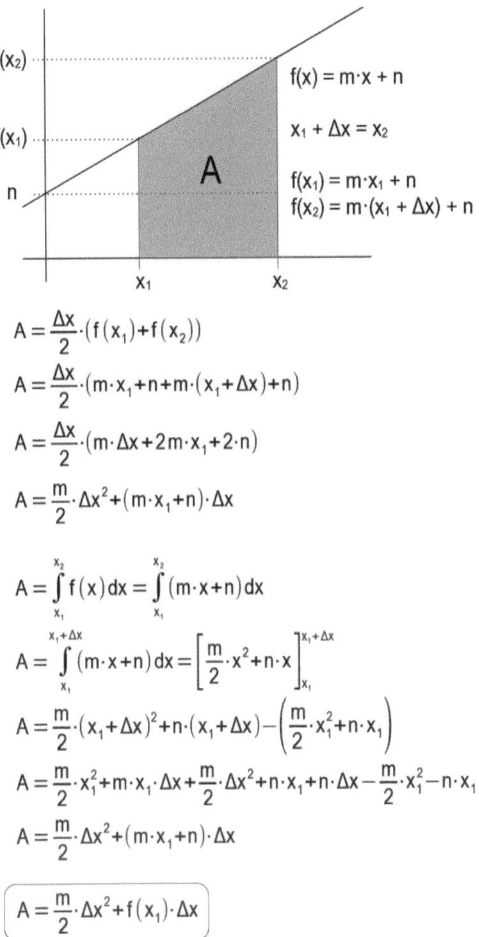

$$A = \frac{\Delta x}{2} \cdot \left(f\left(x_1\right) + f\left(x_2\right) \right)$$

$$A = \frac{\Delta x}{2} \cdot \left(m \cdot x_1 + n + m \cdot \left(x_1 + \Delta x\right) + n \right)$$

$$A = \frac{\Delta x}{2} \cdot \left(m \cdot \Delta x + 2 m \cdot x_1 + 2 \cdot n \right)$$

$$A = \frac{m}{2} \cdot \Delta x^2 + \left(m \cdot x_1 + n \right) \cdot \Delta x$$

$$A = \int_{x_1}^{x_2} f\left(x\right) dx = \int_{x_1}^{x_2} \left(m \cdot x + n \right) dx$$

$$A = \int_{x_1}^{x_1 + \Delta x} \left(m \cdot x + n \right) dx = \left[\frac{m}{2} \cdot x^2 + n \cdot x \right]_{x_1}^{x_1 + \Delta x}$$

$$A = \frac{m}{2} \cdot \left(x_1 + \Delta x \right)^2 + n \cdot \left(x_1 + \Delta x \right) - \left(\frac{m}{2} \cdot x_1^2 + n \cdot x_1 \right)$$

$$A = \frac{m}{2} \cdot x_1^2 + m \cdot x_1 \cdot \Delta x + \frac{m}{2} \cdot \Delta x^2 + n \cdot x_1 + n \cdot \Delta x - \frac{m}{2} \cdot x_1^2 - n \cdot x_1$$

$$A = \frac{m}{2} \cdot \Delta x^2 + \left(m \cdot x_1 + n \right) \cdot \Delta x$$

$$\boxed{A = \frac{m}{2} \cdot \Delta x^2 + f\left(x_1\right) \cdot \Delta x}$$

Abb. 8.6 Vergleich von Flächenberechnungen (Klassische Geometrie/Integration)

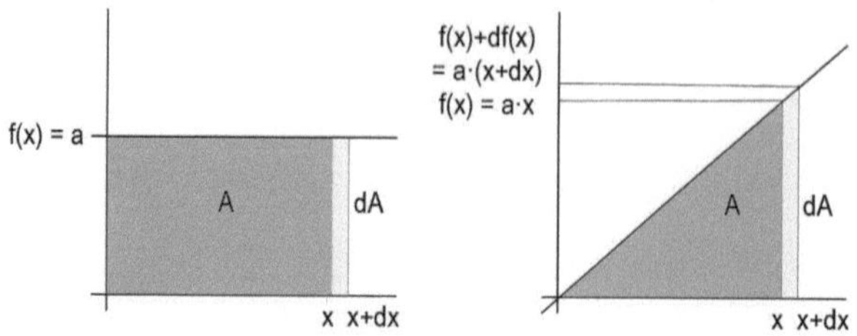

Rechteck

$$A(x) = A(f(x)) = x \cdot f(x) = a \cdot x$$

$$A(x) + dA(x) = a \cdot x + a \cdot dx$$

$$a \cdot x + dA(x) = a \cdot x + a \cdot dx$$

$$\frac{dA(x)}{dx} = a = A'(x) = f(x)$$

Dreieck

$$A(x) = A(f(x)) = \frac{x \cdot f(x)}{2} = \frac{a \cdot x^2}{2}$$

$$A(x) + dA(x) = \frac{a \cdot x^2}{2} + \frac{f(x) + f(x) + df(x)}{2} \cdot dx$$

$$\frac{a \cdot x^2}{2} + dA(x) = \frac{a \cdot x^2}{2} + \frac{a \cdot x + a \cdot (x + dx)}{2} \cdot dx$$

$$dA(x) = a \cdot x \cdot dx + \frac{a \cdot (dx)^2}{2} \qquad (dx)^2 \ll dx$$

$$\frac{dA(x)}{dx} = a \cdot x = A'(x) = f(x)$$

Abb. 8.7 Flächenbestimmung mit Differenzialen an zwei Beispielen

Abb. 8.8 Flächenbestimmung mit Differenzialen an einem weiteren Beispiel

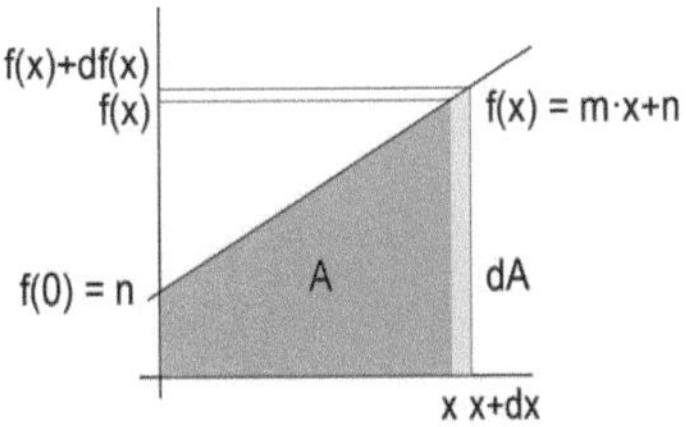

$$f(x)=m\cdot x+n$$

$$f(x)+df(x)=m\cdot(x+dx)+n=m\cdot x+n+m\cdot dx$$

Trapez

$$A(x)=A(f(x))=\frac{n+f(x)}{2}=\frac{m\cdot x+2\cdot n}{2}\cdot x=\frac{m}{2}\cdot x^2+n\cdot x$$

$$A(x)+dA(x)=\frac{m}{2}\cdot x^2+n\cdot x+\frac{f(x)+f(x)+df(x)}{2}\cdot dx$$

$$\frac{m}{2}\cdot x^2+n\cdot x+dA(x)=\frac{m}{2}\cdot x^2+n\cdot x+\frac{2\cdot m\cdot x+2\cdot n+m\cdot dx}{2}\cdot dx$$

$$dA(x)=(m\cdot x+n)\cdot dx+m\cdot(dx)^2 \qquad (dx)^2\ll dx$$

$$\frac{dA(x)}{dx}=m\cdot x+n=A'(x)=f(x)$$

Abb. 8.9 Flächenbestimmung mit Differenzialen an zwei letzten Beispielen

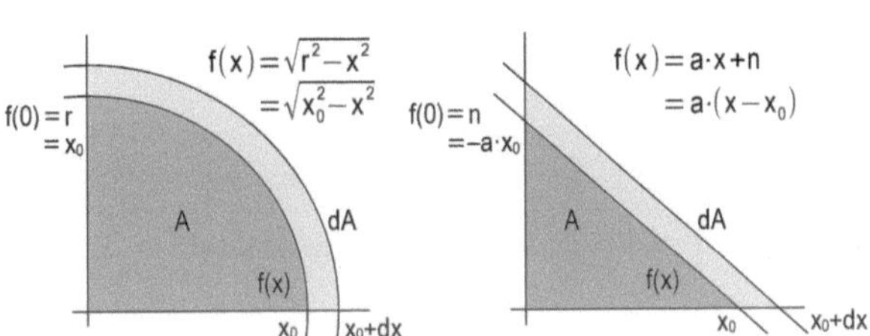

Viertelkreis

$$A(x_0)=\frac{\pi}{4}\cdot r^2=\frac{\pi}{4}\cdot x_0^2$$

$$A(x_0)+dA(x_0)=\frac{\pi}{4}\cdot(x_0+dx_0)^2$$

$$\frac{\pi}{4}\cdot x_0^2+dA(x_0)=\frac{\pi}{4}\cdot x_0^2+\frac{\pi}{2}\cdot x_0\cdot dx_0+(dx_0)^2$$

$$\frac{dA(x_0)}{dx_0}=\frac{\pi}{2}\cdot x_0=A'(x_0)$$

Dreieck

$$A(x_0)=\frac{n}{2}\cdot x_0=-\frac{a}{2}\cdot x_0^2$$

$$A(x_0)+dA(f(x_0))=-\frac{a}{2}\cdot(x_0+dx_0)^2$$

$$-\frac{a}{2}\cdot x_0^2+dA(f(x_0))=-\frac{a}{2}\cdot x_0^2-a\cdot x_0\cdot dx_0-(dx_0)^2$$

$$\frac{dA(x_0)}{dx_0}=-a\cdot x_0=A'(x_0)$$

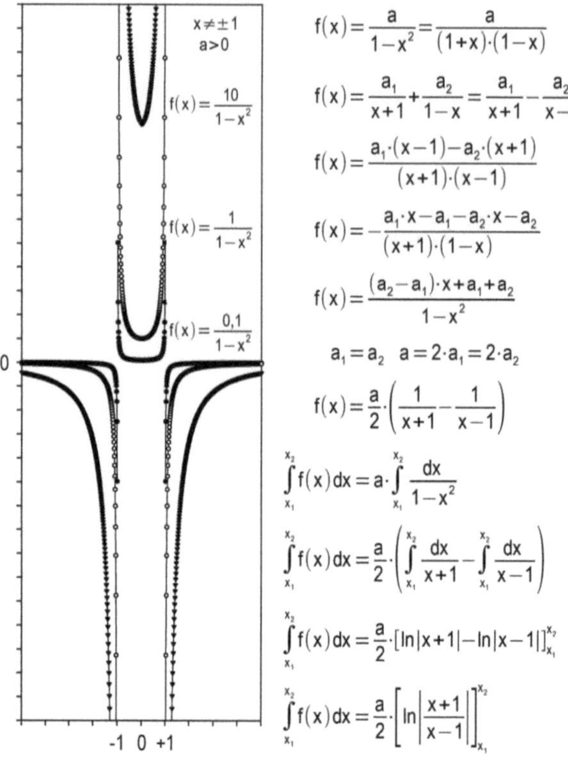

$$f(x) = \frac{a}{1-x^2} = \frac{a}{(1+x)\cdot(1-x)}$$

$$f(x) = \frac{a_1}{x+1} + \frac{a_2}{1-x} = \frac{a_1}{x+1} - \frac{a_2}{x-1}$$

$$f(x) = \frac{a_1\cdot(x-1) - a_2\cdot(x+1)}{(x+1)\cdot(x-1)}$$

$$f(x) = -\frac{a_1\cdot x - a_1 - a_2\cdot x - a_2}{(x+1)\cdot(1-x)}$$

$$f(x) = \frac{(a_2-a_1)\cdot x + a_1 + a_2}{1-x^2}$$

$$a_1 = a_2 \quad a = 2\cdot a_1 = 2\cdot a_2$$

$$f(x) = \frac{a}{2}\cdot\left(\frac{1}{x+1} - \frac{1}{x-1}\right)$$

$$\int_{x_1}^{x_2} f(x)\,dx = a\cdot\int_{x_1}^{x_2} \frac{dx}{1-x^2}$$

$$\int_{x_1}^{x_2} f(x)\,dx = \frac{a}{2}\cdot\left(\int_{x_1}^{x_2} \frac{dx}{x+1} - \int_{x_1}^{x_2} \frac{dx}{x-1}\right)$$

$$\int_{x_1}^{x_2} f(x)\,dx = \frac{a}{2}\cdot\left[\ln|x+1| - \ln|x-1|\right]_{x_1}^{x_2}$$

$$\int_{x_1}^{x_2} f(x)\,dx = \frac{a}{2}\cdot\left[\ln\left|\frac{x+1}{x-1}\right|\right]_{x_1}^{x_2}$$

Abb. 8.10 Partialbruchzerlegung mit Integration

det. Umkehren dieses Rechenvorgangs lässt aus einem gegebenen Nenner die Teilnenner entstehen (Abb. 8.10). Hier wurde ein *Parameter* a eingeführt, um die Auflösung der Kurven in eine Kurvenschar zu zeigen. Die Zähler der Teilbrüche müssen die Gleichung erfüllen. Sie werden gegebenenfalls durch versuchendes Einsetzen einfacher Zahlen (…; −1; 0; 1; …) gefunden; mitunter gibt es mehrere Lösungsmengen. Es sei daran erinnert, dass *Integration* die Polstellen berücksichtigen muss; dort gibt es keinen x-Wert, die Kurve ist nicht stetig; Berechnungen dürfen nur stetige Bereiche betreffen.

Ein noch etwas aufwendigeres Beispiel zeigt nicht nur die Zerlegung des Bruchs in Teilbrüche, sondern auch die bildliche Darstellung der ursprünglichen Kurve und der Teilkurven, aus denen sich die Erstere zusammensetzt (Abb. 8.11): Wie bei den Ausführungen über Grenzwerte erwähnt, werden bei der *Addition/Subtraktion, Multiplikation, Division* von Funktionen auch Eigenschaften hinsichtlich des Verlaufs der Kurven übertragen. Polstellen und Grenzwertverhalten sind die Merkmale, nach denen dann zu suchen ist.

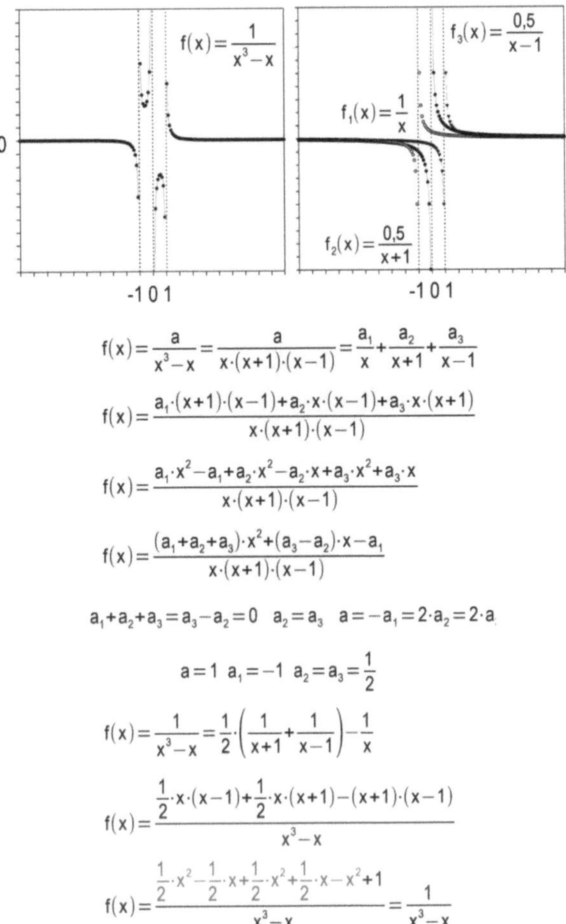

$$f(x) = \frac{a}{x^3 - x} = \frac{a}{x \cdot (x+1) \cdot (x-1)} = \frac{a_1}{x} + \frac{a_2}{x+1} + \frac{a_3}{x-1}$$

$$f(x) = \frac{a_1 \cdot (x+1) \cdot (x-1) + a_2 \cdot x \cdot (x-1) + a_3 \cdot x \cdot (x+1)}{x \cdot (x+1) \cdot (x-1)}$$

$$f(x) = \frac{a_1 \cdot x^2 - a_1 + a_2 \cdot x^2 - a_2 \cdot x + a_3 \cdot x^2 + a_3 \cdot x}{x \cdot (x+1) \cdot (x-1)}$$

$$f(x) = \frac{(a_1 + a_2 + a_3) \cdot x^2 + (a_3 - a_2) \cdot x - a_1}{x \cdot (x+1) \cdot (x-1)}$$

$$a_1 + a_2 + a_3 = a_3 - a_2 = 0 \quad a_2 = a_3 \quad a = -a_1 = 2 \cdot a_2 = 2 \cdot a$$

$$a = 1 \quad a_1 = -1 \quad a_2 = a_3 = \frac{1}{2}$$

$$f(x) = \frac{1}{x^3 - x} = \frac{1}{2} \cdot \left(\frac{1}{x+1} + \frac{1}{x-1} \right) - \frac{1}{x}$$

$$f(x) = \frac{\frac{1}{2} \cdot x \cdot (x-1) + \frac{1}{2} \cdot x \cdot (x+1) - (x+1) \cdot (x-1)}{x^3 - x}$$

$$f(x) = \frac{\frac{1}{2} \cdot x^2 - \frac{1}{2} \cdot x + \frac{1}{2} \cdot x^2 + \frac{1}{2} \cdot x - x^2 + 1}{x^3 - x} = \frac{1}{x^3 - x}$$

Abb. 8.11 Partialbruchzerlegung mit Teilkurven

Ein nützliches Verfahren ist die Bestimmung der Längen von gekrümmten Linien oder Flächen. Ist eine Kurve keine Gerade, ergibt sich die Frage nach der Länge eines bestimmten Abschnitts zwischen zwei Punkten (Abb. 8.12): Offenkundig ist das betreffenden Bogenstück (b) länger als die geradlinige kürzeste Verbindung, die Strecke (s) zwischen den Punkten. Es gibt mehrere Rechenansätze; hier wurde der Satz des *Pythagoras* angewendet. Einige geschickte Umformungen führen zu bekannten Ausdrücken für die Ableitung der Funktion. Nun wird das Bogenstück als immer kleiner werdend und die Kurve aus vielen solcher kleinen Stücke zusammengesetzt gedacht. Summieren ist da naheliegend; letztlich erweist sich der

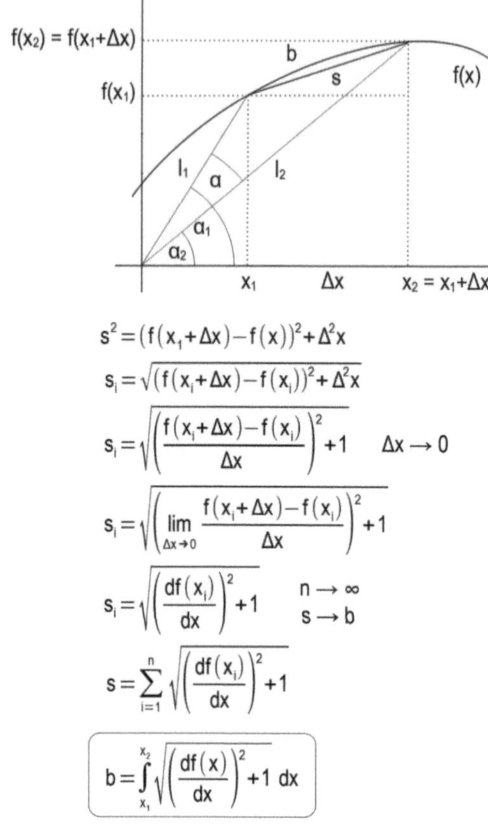

Abb. 8.12 Berechnung gekrümmter Bogenlängen

$$s^2 = \left(f\left(x_i + \Delta x\right) - f\left(x\right)\right)^2 + \Delta^2 x$$

$$s_i = \sqrt{\left(f\left(x_i + \Delta x\right) - f\left(x_i\right)\right)^2 + \Delta^2 x}$$

$$s_i = \sqrt{\left(\frac{f\left(x_i + \Delta x\right) - f\left(x_i\right)}{\Delta x}\right)^2 + 1} \qquad \Delta x \to 0$$

$$s_i = \sqrt{\left(\lim_{\Delta x \to 0} \frac{f\left(x_i + \Delta x\right) - f\left(x_i\right)}{\Delta x}\right)^2 + 1}$$

$$s_i = \sqrt{\left(\frac{df\left(x_i\right)}{dx}\right)^2 + 1} \qquad \begin{matrix} n \to \infty \\ s \to b \end{matrix}$$

$$s = \sum_{i=1}^{n} \sqrt{\left(\frac{df\left(x_i\right)}{dx}\right)^2 + 1}$$

$$b = \int_{x_1}^{x_2} \sqrt{\left(\frac{df\left(x\right)}{dx}\right)^2 + 1}\ dx$$

Ansatz als *Integration*, und es erscheint die in Lehrwerken zu findende Formel. Rechnerischer Spieltrieb muss hier nicht enden (Abb. 8.13). Wer nicht nur den Satz des *Pythagoras* verwendet, sondern auch den immer wieder nützlichen *Cosinussatz*, erhält nach Umformungen eine Verbindung zwischen dem Ausdruck $(f(x)/x)^2$, der in der Formel für die Berechnung der Bodenlänge auftaucht, und einem *Additionstheorem* der *Trigonometrie* für das Dreieck mit den Seiten l_1, l_2 und s. Das ist auch eine Art von Probe: Wo Dreiecke auftauchen, müssen bei richtiger Rechnung die üblichen Gesetze für Dreiecke erfüllt werden.

Abb. 8.13 Herleitung
eines Additionstheorems

$$s^2 = \left(f(x_1 + \Delta x) - f(x_1)\right)^2 + \Delta^2 x$$

$$s^2 = l_1^2 + l_2^2 - 2 \cdot l_1 \cdot l_2 \cdot \cos \Delta\alpha$$

$$l_1^2 = x_1^2 + \left(f(x_1)\right)^2 \qquad l_2^2 = \left(x_1 + \Delta x\right)^2 + \left(f(x_1 + \Delta x)\right)^2$$

$$l_1 = \frac{x_1}{\cos\alpha_1} \qquad l_1 = \frac{x_1 + \Delta x}{\cos\alpha_2} \qquad \Delta\alpha = \alpha_1 - \alpha_2$$

$$s^2 = x_1^2 + \left(f(x_1)\right)^2 + \left(x_1 + \Delta x\right)^2 + \left(f(x_1 + \Delta x)\right)^2$$
$$- 2 \cdot x_1 \cdot (x_1 + \Delta x) \cdot \frac{\cos\Delta\alpha}{\cos\alpha_1 \cdot \cos\alpha_2}$$

$$\left(f(x_1 + \Delta x)\right)^2 - 2 \cdot f(x_1) \cdot f(x_1 + \Delta x) + \left(f(x_1)\right)^2 + \Delta^2 x$$
$$= x_1^2 + \left(f(x_1)\right)^2 + x_1^2 + 2 \cdot x_1 \cdot \Delta x + \Delta^2 x + \left(f(x_1 + \Delta x)\right)^2$$
$$- 2 \cdot x_1 \cdot (x_1 + \Delta x) \cdot \frac{\cos\Delta\alpha}{\cos\alpha_1 \cdot \cos\alpha_2}$$

$$\frac{f(x_1) \cdot f(x_1 + \Delta x)}{x_1 \cdot (x_1 + \Delta x)} = \frac{\cos\Delta\alpha}{\cos\alpha_1 \cdot \cos\alpha_2} - 1$$

$$\lim_{\Delta x \to 0} \frac{f(x_1) \cdot f(x_1 + \Delta x)}{x_1 \cdot (x_1 + \Delta x)} = \lim_{\Delta\alpha \to 0} \frac{\cos\Delta\alpha}{\cos\alpha_1 \cdot \cos(\alpha_1 - \Delta\alpha)} - 1$$

$$\boxed{\left(\frac{f(x)}{x}\right)^2 = \frac{1}{\cos^2\alpha} - 1 = \tan^2\alpha}$$

Literatur

Bronstein, I. N., & Semendjajew, K. A. (1981). *Taschenbuch der Mathematik*. Nauka, Moskau,
  B. G. Teubner.
Gottwald, S., et al. (Hrsg.). (1995). *Meyers Kleine Enzyklopädie Mathematik*. Meyers
  Lexikon-Verlag.

Zusammenfassung

Konstante, Lineare, Quadratische, Kubische Funktionen werden kurz beschrieben, einschließlich zwei alter Näherungsverfahren für Nullstellen.

Potenzfunktionen umfassen alle Funktionen f(x) mit Polynomen verschiedenen Grades in x; sie gehören zu den Rationalen Funktionen. Ihre Graphen sind charakteristische Kurven (Abb. 9.1). Zu den bekannteren gehören:

- Potenzfunktionen 0. Grades: Konstante Funktionen sind *f(x) = 0* sowie *f(x) = n* mit *n ≠ 0*. Erstere hat als Kurve die x-Achse des *Cartesischen Koordinatensystems*. Letztere liefern Parallelen zu dieser Achse.
- Potenzfunktionen 1. Grades: *f(x) = x* als Sonderfall von f(x) = m · x + n bezeichnet die bekannten *Linearen Funktionen*; auch ihre Kurven sind Geraden.
- Potenzfunktionen 2. + 3. Grades: *Quadratische Funktionen* haben Parabeln als Graphen, und *Kubische Funktionen* haben Kurven mit der mehr oder minder ausgeprägten S-Krümmung.

Im Übrigen zeigen die Kurven ab dem 2./3. Grad Ähnlichkeiten – abhängig davon, ob es sich um gerade oder ungerade Exponenten der Potenzen von x handelt.
Eine Abbildung zeigt zusammenfassend die wichtigsten Eigenschaften der *Linearen Funktionen* (Abb. 9.2). Sie werden zweckmäßig beschrieben anhand der beiden Schnittpunkte mit den Achsen des Koordinatensystems oder auch mit einem beliebigen Punkt und dem Anstieg. Da die Kurven Geraden sind, ist der Anstieg in jedem Punkt gleich. Das ermöglicht, den Ansatz für eine einfache *Interpolation* her-

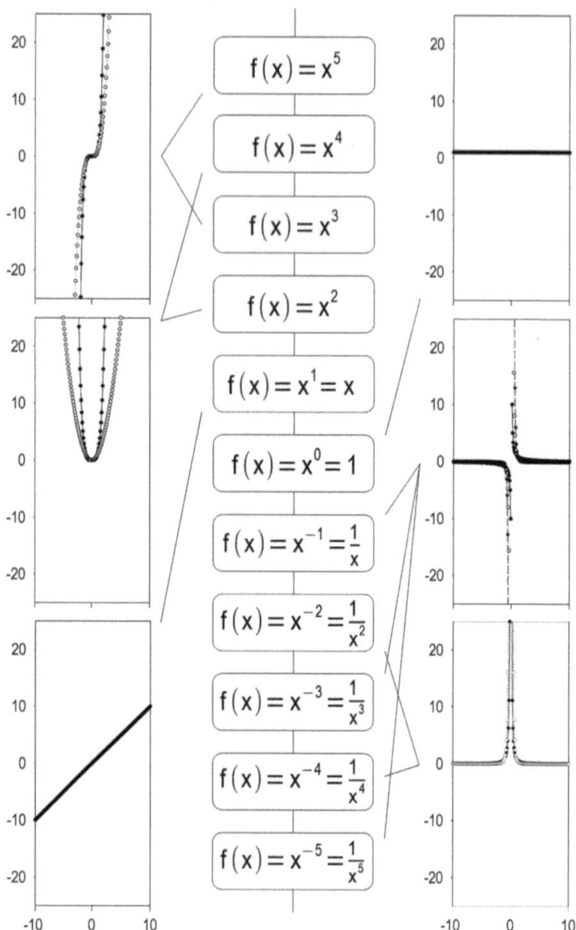

Abb. 9.1 Potenzfunktionen im Überblick

zuleiten (Abb. 9.3); er erinnert nicht zufällig an das schon gezeigte Mittelwertverfahren zur Ableitung. Die Lage eines Punktes wird mittels zweier links und rechts
benachbarter Punkte bestimmt; bei einer Gerade als Kurve muss der Anstieg in allen
Punkten den gleichen Wert haben. Dies gilt näherungsweise auch bei Kurven, die
keine Geraden sind, wenn der Abstand der Punkte zueinander sehr klein ist. Drei
Punkte ergeben drei Punktepaare, durch die jeweils eine Gerade verläuft. Die Terme
T_1, T_2, T_3 für deren Anstiege müssen bei Zugehörigkeit zu einer Geraden
übereinstimmen. So ergibt sich eine Gleichung zur Ortsbestimmung beliebiger
Punkte, die zwischen den beiden äußeren Punkten liegen.

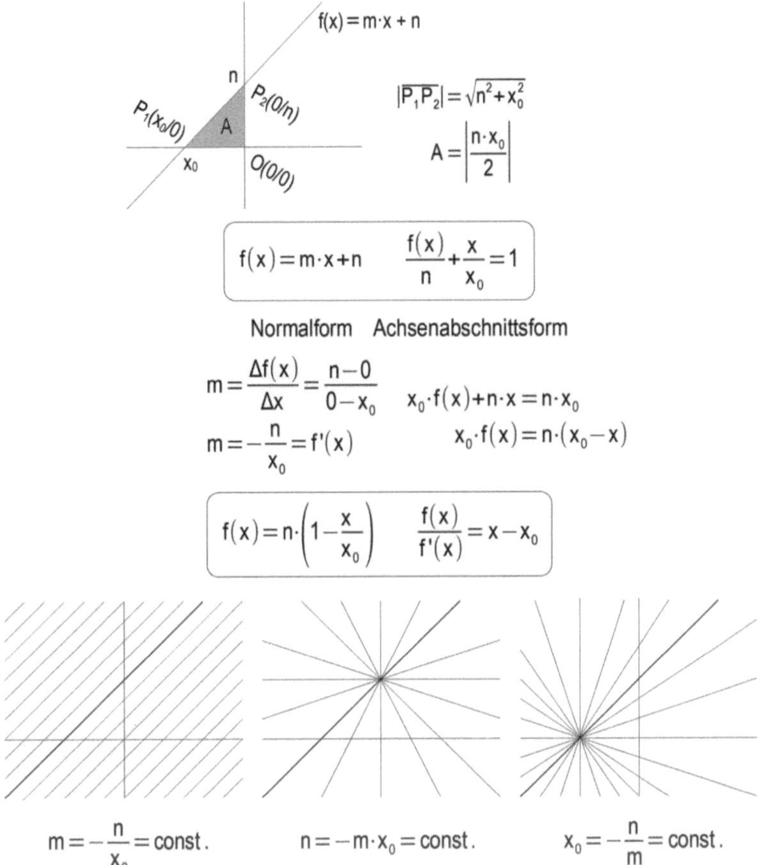

Abb. 9.2 Lineare Funktionen: Eigenschaften

Bei der Untersuchung von Kurven sind Geraden immer wieder sehr wichtig, und zwar in der Rolle als Tangenten an bestimmte Punkte, wie bei der Einführung der Ableitungen gezeigt. Das im 17./18. Jahrhundert entwickelte Tangentenverfahren dient der näherungsweisen Bestimmung von Nullstellen. Dabei werden zunächst zwei Tangenten an die Kurve berechnet, und zwar in den beiden Schnittpunkten der Kurven mit der x-Achse und der y-Achse (Abb. 9.4). Der Bereich der weiteren Untersuchung liegt dazwischen: Es lässt sich vorstellen, dass die beiden aufeinander abgebildet werden, wenn sie auf der Kurve „abrollen".

Auf diese Weise entstehen die – unendlich vielen – Tangenten an die Kurve von f(x) zwischen deren Achsenschnittpunkten (Abb. 9.5). Die Annäherung an die

Abb. 9.3 Lineare
Funktionen: Interpolation

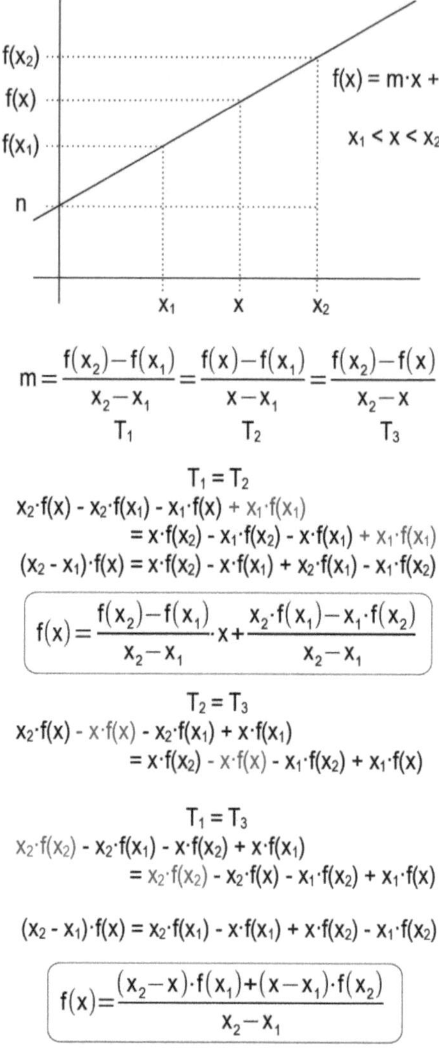

$$m = \frac{f(x_2) - f(x_1)}{x_2 - x_1} = \frac{f(x) - f(x_1)}{x - x_1} = \frac{f(x_2) - f(x)}{x_2 - x}$$

$$T_1 \qquad\qquad T_2 \qquad\qquad T_3$$

$$T_1 = T_2$$

$$x_2 \cdot f(x) - x_2 \cdot f(x_1) - x_1 \cdot f(x) + x_1 \cdot f(x_1)$$
$$= x \cdot f(x_2) - x_1 \cdot f(x_2) - x \cdot f(x_1) + x_1 \cdot f(x_1)$$
$$(x_2 - x_1) \cdot f(x) = x \cdot f(x_2) - x \cdot f(x_1) + x_2 \cdot f(x_1) - x_1 \cdot f(x_2)$$

$$f(x) = \frac{f(x_2) - f(x_1)}{x_2 - x_1} \cdot x + \frac{x_2 \cdot f(x_1) - x_1 \cdot f(x_2)}{x_2 - x_1}$$

$$T_2 = T_3$$

$$x_2 \cdot f(x) - x \cdot f(x) - x_2 \cdot f(x_1) + x \cdot f(x_1)$$
$$= x \cdot f(x_2) - x \cdot f(x) - x_1 \cdot f(x_2) + x_1 \cdot f(x)$$

$$T_1 = T_3$$

$$x_2 \cdot f(x_2) - x_2 \cdot f(x_1) - x \cdot f(x_2) + x \cdot f(x_1)$$
$$= x_2 \cdot f(x_2) - x_2 \cdot f(x) - x_1 \cdot f(x_2) + x_1 \cdot f(x)$$

$$(x_2 - x_1) \cdot f(x) = x_2 \cdot f(x_1) - x \cdot f(x_1) + x \cdot f(x_2) - x_1 \cdot f(x_2)$$

$$f(x) = \frac{(x_2 - x) \cdot f(x_1) + (x - x_1) \cdot f(x_2)}{x_2 - x_1}$$

Nullstelle, die den Schnittpunkt mit der x-Achse markiert (in der Abbildung durch Abrollen nach rechts), lässt den Abstand zwischen den Schnittpunkten der abrollenden Tangente sowie der Kurve mit der x-Achse schwinden. Mittels der Gleichungen von Kurve und Tangente ergibtsich eine Gleichung für eine *Iteration/ Rekursion*, die mit jedem Durchgang einen besseren Wert für die Nullstelle liefert. In Lehrwerken ist wohlgemerkt statt des Minuszeichens mitunter ein Pluszeichen zu finden, wenn in entgegengesetzter Richtung gearbeitet wird; die Ergebnisse sind dieselben.

Abb. 9.4 Tangentenmethode (1)

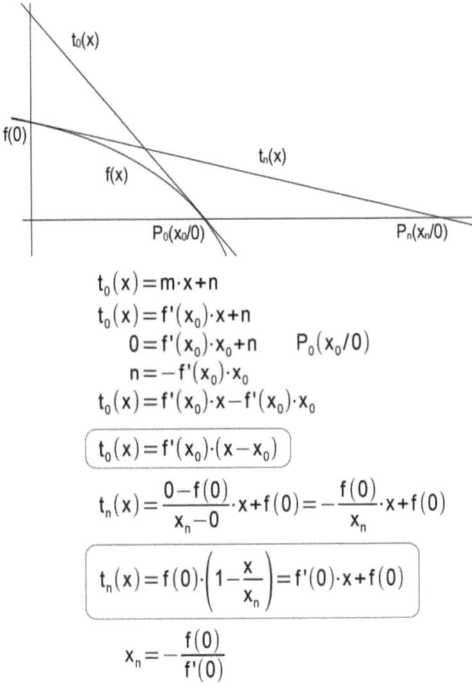

$$t_0(x) = m \cdot x + n$$
$$t_0(x) = f'(x_0) \cdot x + n$$
$$0 = f'(x_0) \cdot x_0 + n \qquad P_0(x_0/0)$$
$$n = -f'(x_0) \cdot x_0$$
$$t_0(x) = f'(x_0) \cdot x - f'(x_0) \cdot x_0$$

$$\boxed{t_0(x) = f'(x_0) \cdot (x - x_0)}$$

$$t_n(x) = \frac{0 - f(0)}{x_n - 0} \cdot x + f(0) = -\frac{f(0)}{x_n} \cdot x + f(0)$$

$$\boxed{t_n(x) = f(0) \cdot \left(1 - \frac{x}{x_n}\right) = f'(0) \cdot x + f(0)}$$

$$x_n = -\frac{f(0)}{f'(0)}$$

Abb. 9.5 Tangentenmethode (2)

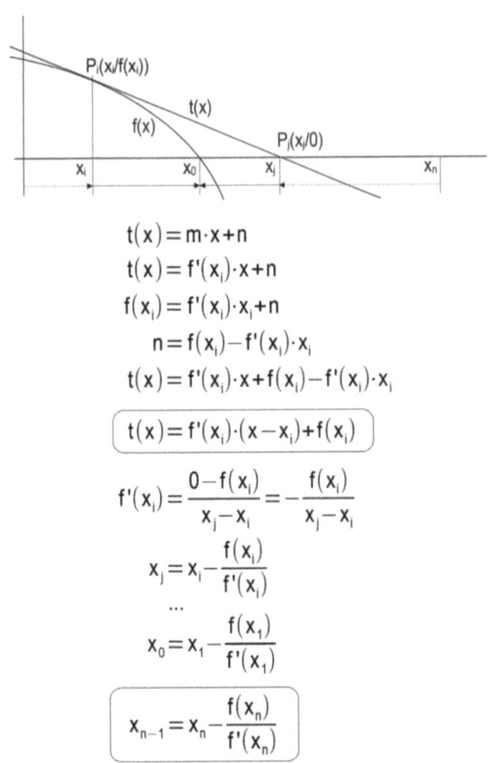

$$t(x) = m \cdot x + n$$
$$t(x) = f'(x_i) \cdot x + n$$
$$f(x_i) = f'(x_i) \cdot x_i + n$$
$$n = f(x_i) - f'(x_i) \cdot x_i$$
$$t(x) = f'(x_i) \cdot x + f(x_i) - f'(x_i) \cdot x_i$$

$$\boxed{t(x) = f'(x_i) \cdot (x - x_i) + f(x_i)}$$

$$f'(x_i) = \frac{0 - f(x_i)}{x_j - x_i} = -\frac{f(x_i)}{x_j - x_i}$$

$$x_j = x_i - \frac{f(x_i)}{f'(x_i)}$$
$$\cdots$$
$$x_0 = x_1 - \frac{f(x_1)}{f'(x_1)}$$

$$\boxed{x_{n-1} = x_n - \frac{f(x_n)}{f'(x_n)}}$$

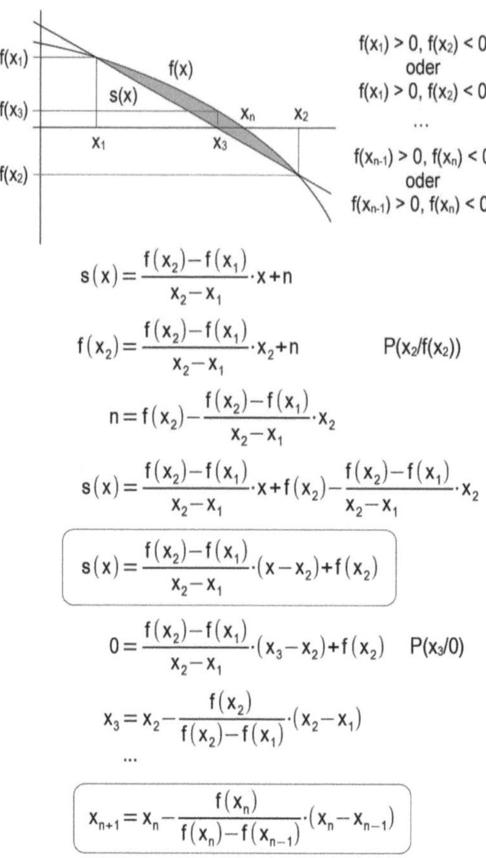

$$s(x) = \frac{f(x_2) - f(x_1)}{x_2 - x_1} \cdot x + n$$

$$f(x_2) = \frac{f(x_2) - f(x_1)}{x_2 - x_1} \cdot x_2 + n \qquad P(x_2/f(x_2))$$

$$n = f(x_2) - \frac{f(x_2) - f(x_1)}{x_2 - x_1} \cdot x_2$$

$$s(x) = \frac{f(x_2) - f(x_1)}{x_2 - x_1} \cdot x + f(x_2) - \frac{f(x_2) - f(x_1)}{x_2 - x_1} \cdot x_2$$

$$s(x) = \frac{f(x_2) - f(x_1)}{x_2 - x_1} \cdot (x - x_2) + f(x_2)$$

$$0 = \frac{f(x_2) - f(x_1)}{x_2 - x_1} \cdot (x_3 - x_2) + f(x_2) \qquad P(x_3/0)$$

$$x_3 = x_2 - \frac{f(x_2)}{f(x_2) - f(x_1)} \cdot (x_2 - x_1)$$

$$\dots$$

$$x_{n+1} = x_n - \frac{f(x_n)}{f(x_n) - f(x_{n-1})} \cdot (x_n - x_{n-1})$$

Abb. 9.6 Sekantenmethode

Auch das Sekantenverfahren gehört zu den klassischen Näherungsverfahren zur Bestimmung von Nullstellen (Abb. 9.6): Zunächst wird links und rechts der Nullstelle jeweils ein Punkt auf der Kurve gewählt; durch beide wird eine Sekante gelegt. Deren Schnittstelle liegt in der Nähe der gesuchten Nullstelle. Das Umformen der Gleichungen von Kurve und Sekante liefert eine weitere Gleichung, die mittels *Iteration/Rekursion* nach und nach zur Nullstelle führt.

Quadratische Funktionen haben im Vergleich zu den *Linearen Funktionen* einige Besonderheiten (Abb. 9.7). Insbesondere gibt es Zusammenhänge zwischen der Lage des Scheitelpunktes, der Öffnung (nach oben oder unten) und Weite der Parabel, der Zahl der Nullstellen und der Fläche, die gegebenenfalls von Kurve und x-Achse eingeschlossen wird. Die Lage und Form der Kurve wird von drei Parametern a, b, c in $f(x) = a \cdot x^2 + b \cdot x + c$ bestimmt; entsprechend kann der Scheitel-

Abb. 9.7 Quadratische
Funktionen: Eigenschaften

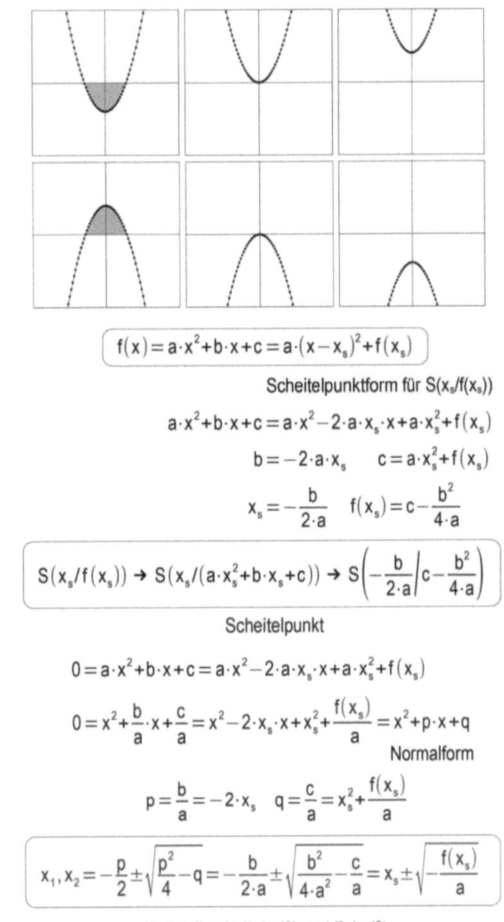

$$f(x) = a \cdot x^2 + b \cdot x + c = a \cdot (x - x_s)^2 + f(x_s)$$

Scheitelpunktform für $S(x_s/f(x_s))$

$$a \cdot x^2 + b \cdot x + c = a \cdot x^2 - 2 \cdot a \cdot x_s \cdot x + a \cdot x_s^2 + f(x_s)$$

$$b = -2 \cdot a \cdot x_s \qquad c = a \cdot x_s^2 + f(x_s)$$

$$x_s = -\frac{b}{2 \cdot a} \qquad f(x_s) = c - \frac{b^2}{4 \cdot a}$$

$$S(x_s/f(x_s)) \rightarrow S(x_s/(a \cdot x_s^2 + b \cdot x_s + c)) \rightarrow S\left(-\frac{b}{2 \cdot a}\middle| c - \frac{b^2}{4 \cdot a}\right)$$

Scheitelpunkt

$$0 = a \cdot x^2 + b \cdot x + c = a \cdot x^2 - 2 \cdot a \cdot x_s \cdot x + a \cdot x_s^2 + f(x_s)$$

$$0 = x^2 + \frac{b}{a} \cdot x + \frac{c}{a} = x^2 - 2 \cdot x_s \cdot x + x_s^2 + \frac{f(x_s)}{a} = x^2 + p \cdot x + q$$

Normalform

$$p = \frac{b}{a} = -2 \cdot x_s \qquad q = \frac{c}{a} = x_s^2 + \frac{f(x_s)}{a}$$

$$x_1, x_2 = -\frac{p}{2} \pm \sqrt{\frac{p^2}{4} - q} = -\frac{b}{2 \cdot a} \pm \sqrt{\frac{b^2}{4 \cdot a^2} - \frac{c}{a}} = x_s \pm \sqrt{-\frac{f(x_s)}{a}}$$

Nullstellen in $P_1(x_1/0)$ und $P_2(x_2/0)$

punkt auf verschiedene Art angegeben werden. Die Nullstellen werden mit der üblichen Formel bestimmt. Dabei ist es wichtig zu wissen, dass die Gleichung der Kurve mittels der Nullstellen auch als *Linearkombination* darstellbar ist (Abb. 9.8); dies wird sich bei Kurven höheren Grades noch als nützlich erweisen.

Kurven 2. Grades zeigen in jedem Punkt einen anderen Anstieg. So ist es möglich, eine allgemeine Tangentengleichung zu finden; diese jedoch liefert stets eine Kurvenschar, die die Parabel einhüllt (Abb. 9.9). Ferner haben Parabeln Brennpunkte; diese Besonderheit ist wichtig für die Konstruktion von Spiegeln etwa für *Satellitenfunk* oder *Solarthermie*. Im Beispiel wird die Herleitung der Brennweite für den einfachsten Fall gezeigt – für einen Strahl, der parallel zur Achse des Spiegels eintrifft.

Abb. 9.8 Quadratische Funktionen: Linearkombination und Wurzelsatz

$$f(x)=a\cdot x^2+b\cdot x+c=a\cdot(x-x_1)\cdot(x-x_2)$$

Linearkombination
aus Nullstellen

$$a\cdot x^2+b\cdot x+c=a\cdot x^2-a\cdot(x_1+x_2)\cdot x+a\cdot x_1\cdot x_2$$

$$x_1+x_2=-\frac{b}{a}=-p \qquad x_1\cdot x_2=\frac{c}{a}=q$$

Wurzelsatz

$$x_s=\frac{x_1+x_2}{2}$$

$$f(x_s)=a\cdot(x_1\cdot x_2-x_s^2)=a\cdot\left(x_1\cdot x_2-\left(\frac{x_1+x_2}{2}\right)^2\right)$$

$$S(x_s/f(x_s))\ \rightarrow\ S\left(\frac{x_1+x_2}{2}\bigg/a\cdot\left(x_1\cdot x_2-\left(\frac{x_1+x_2}{2}\right)^2\right)\right)$$

Abb. 9.9 Quadratische Funktionen: Tangentenschar und Brennpunkt

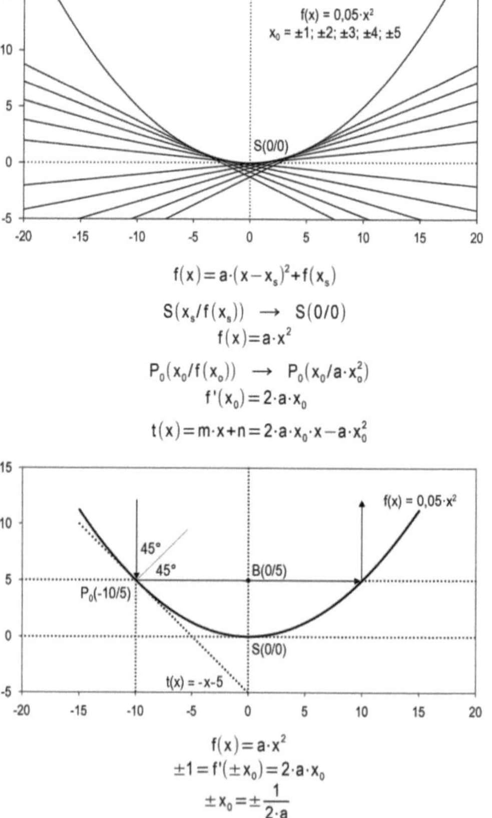

$$f(x)=a\cdot(x-x_s)^2+f(x_s)$$

$$S(x_s/f(x_s))\ \longrightarrow\ S(0/0)$$

$$f(x)=a\cdot x^2$$

$$P_0(x_0/f(x_0))\ \longrightarrow\ P_0(x_0/a\cdot x_0^2)$$

$$f'(x_0)=2\cdot a\cdot x_0$$

$$t(x)=m\cdot x+n=2\cdot a\cdot x_0\cdot x-a\cdot x_0^2$$

$$f(x)=a\cdot x^2$$

$$\pm 1=f'(\pm x_0)=2\cdot a\cdot x_0$$

$$\pm x_0=\pm\frac{1}{2\cdot a}$$

$$b=f(\pm x_0)=\frac{1}{4\cdot a}$$

Abb. 9.10 Kubische Funktion mit Wurzelsatz (oben die möglichen Lagebeziehungen zur x-Achse)

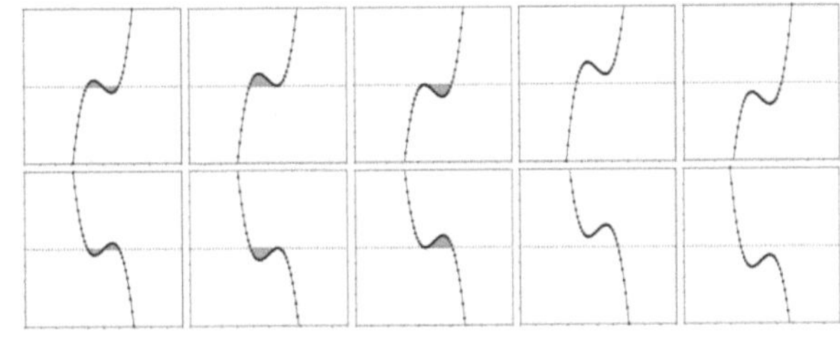

$$f(x) = a \cdot x^3 + b \cdot x^2 + c \cdot x + d$$

$$0 = a \cdot x^3 + b \cdot x^2 + c \cdot x + d$$

$$0 = x^3 + \frac{b}{a} \cdot x^2 + \frac{c}{a} \cdot x + \frac{d}{a}$$

$$0 = (x - x_1) \cdot (x - x_2) \cdot (x - x_3)$$

$$0 = x^3 - (x_1 + x_2 + x_3) \cdot x^2 + (x_1 \cdot x_2 + x_1 \cdot x_3 + x_2 \cdot x_3) \cdot x - x_1 \cdot x_2 \cdot x_3$$

$$\frac{b}{a} = -(x_1 + x_2 + x_3) \qquad\qquad P_1(x_1/0)$$

$$\frac{c}{a} = x_1 \cdot x_2 + x_1 \cdot x_3 + x_2 \cdot x_3 \quad \text{Wurzelsatz} \quad P_2(x_2/0)$$

$$\frac{d}{a} = -x_1 \cdot x_2 \cdot x_3 \qquad\qquad P_3(x_3/0)$$

Kubische Funktionen (und höhere Potenzfunktionen) können ebenfalls als *Linearkombinationen* dargestellt werden; es gilt ein weiterer Wurzelsatz (Abb. 9.10). Ferner gibt es eine Formel für die Nullstellen; deren Berechnung ist bei Kurven ab dem 4. Grad erheblich erschwert, sofern es sich nicht um einfache Sonderfälle handelt. Nullstellen können jedoch auch mittels *Polynomdivision* über die *Linearfaktoren* gewonnen werden (Abb. 9.11): Ist von einer Kurve bekannt, dass sie drei Nullstellen hat, und ist die Lage einer davon (hier x_1) bekannt, etwa durch Ablesen oder Einsetzen, kann die kubische Gleichung für f(x) durch den Linearfaktor $(x - x_1)$ geteilt werden; es entsteht eine quadratische Restgleichung, die mit der üblichen Formel zu den beiden anderen Nullstellen x_2, x_3 führt. Auch diese Verfahren kann sinngemäß bei Gleichungen höheren Grades angewendet werden.

Abb. 9.11 Kubische
Funktion: Polynomdivision

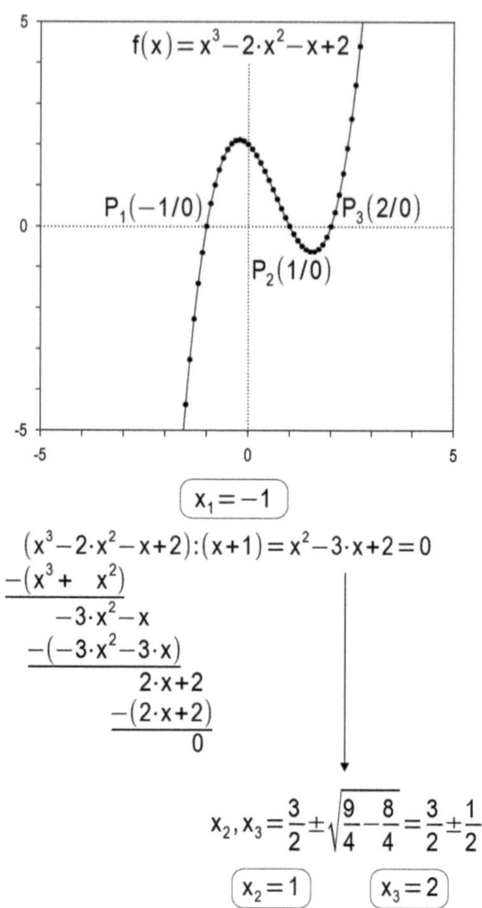

$$x_1 = -1$$

$$\left(x^3 - 2\cdot x^2 - x + 2\right) : \left(x + 1\right) = x^2 - 3\cdot x + 2 = 0$$

$$\underline{-\left(x^3 +\ \ x^2\right)}$$

$$-3\cdot x^2 - x$$

$$\underline{-\left(-3\cdot x^2 - 3\cdot x\right)}$$

$$2\cdot x + 2$$

$$\underline{-\left(2\cdot x + 2\right)}$$

$$0$$

$$x_2, x_3 = \frac{3}{2} \pm \sqrt{\frac{9}{4} - \frac{8}{4}} = \frac{3}{2} \pm \frac{1}{2}$$

$$x_2 = 1 \qquad x_3 = 2$$

Exponential- und Logarithmusfunktionen

10

Zusammenfassung

Die Exponential- und Logarithmusfunktionen werden mit Herleitungen und Anwendungen dargestellt.

Wachstum und Schrumpfung, jegliche Art von Veränderungen werden oftmals mit *Exponentialfunktionen* dargestellt; ihre Umkehrungen, die *Logarithmusfunktionen,* verhelfen zu verständlichen Abbildungen. Was ist das Besondere an diesen Zusammenhängen? Eine – wie so vieles in der Mathematik – nach *Leonhard Euler* benannte Konstante erscheint immer wieder in Reihenentwicklungen (e = 2,718282 ...). Mit solchen befassten sich zahlreiche Gelehrte insbesondere des 17. und 18. Jahrhunderts. Nach und nach offenbarte sich ein ganzes Sortiment nützlicher Reihenentwicklungen (Abb. 10.1). Dabei ist es naturgemäß nur möglich, sich bestimmten Werten als Grenzwerten anzunähern, wenngleich beliebig nahe: Mit jedem Folgeglied wächst die Güte der Berechnung; der Umfang der Bemühungen wird einerseits bestimmt von den jeweiligen Anforderungen, andererseits vom nötigen Rechenaufwand. Das gilt für die Bestimmung der Euler-Zahl e ebenso wie die *Exponentialfunktion* $f(x) = e^x$ (Abb. 10.2). Letztere zeigt die Besonderheit, dass sie aus *Differenziation* und *Integration* immer wieder aufersteht. Mit anderen Worten zeigt sie einen gleichbleibenden Anstieg der Tangenten an jeden Punkt ihrer Kurve, wobei dieser bestimmt wird von einer *Funktion* (ihr selbst) und nicht einer *Kon-*

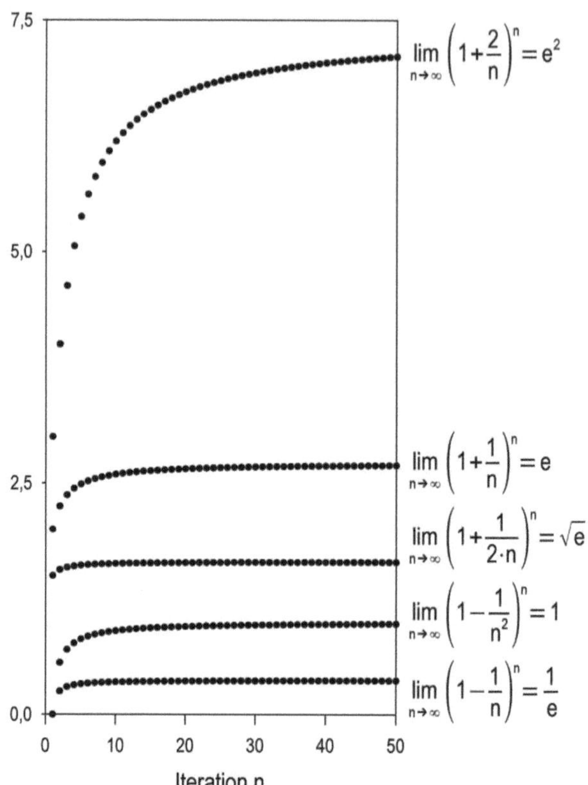

Abb. 10.1 Herleitung der Euler-Zahl über Reihenentwicklungen

stante wie dem Anstieg einer *Linearen Funktion* (Abb. 10.3). Die Herleitung erfordert etwas Übung und gelingt wieder einmal mit einer „Hilfsfolge", die eingesetzt wird. Noch aufwendiger ist die *Integration* nach der schon gezeigten *Trapezmethode* (Abb. 10.4): Die Abbildung zeigt, wie die Summe der Teilflächen sich bei immer feinerer Teilung der Fläche unter der Kurve dem tatsächlichen Wert immer mehr annähert.

Die Möglichkeit zu Gegenrechnungen erscheint oft paarweise (*Addition – Subtraktion, Multiplikation – Division, Differenziation – Integration*); auf dieser Stufe der Rechenkünste sind es drei Rechenarten (Abb. 10.5).

Die Bedeutung der *Exponentialfunktion* sei gezeigt an zwei Anwendungen aus *Chemie* und *Physik* (Kraus, 2024): *Chemische Reaktionen* sind umkehrbar; sie führen unter gleichbleibenden Bedingungen zu einem Gleichgewicht, mit anderen Worten ist der Stoffumsatz oft nicht vollständig. Ausgedrückt wird dies durch das Massenwirkungsgesetz; die Hintergründe sind Lehrwerken der *Thermodynamik* zu entnehmen. Das alles mag beim Verbrennen von Holz oder beim Rosten von Eisen

Abb. 10.2 Herleitung der Exponentialfunktion über Reihenentwicklungen

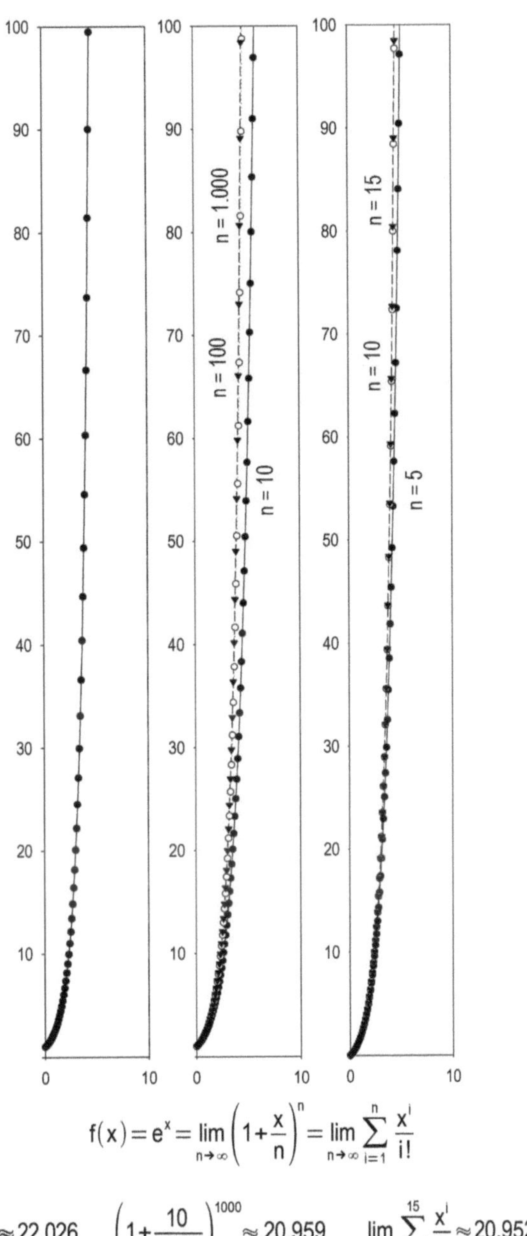

$$f(x) = e^x = \lim_{n \to \infty}\left(1 + \frac{x}{n}\right)^n = \lim_{n \to \infty}\sum_{i=1}^{n}\frac{x^i}{i!}$$

$$e^{10} \approx 22.026 \qquad \left(1 + \frac{10}{1000}\right)^{1000} \approx 20.959 \qquad \lim_{n \to \infty}\sum_{i=1}^{15}\frac{x^i}{i!} \approx 20.952$$

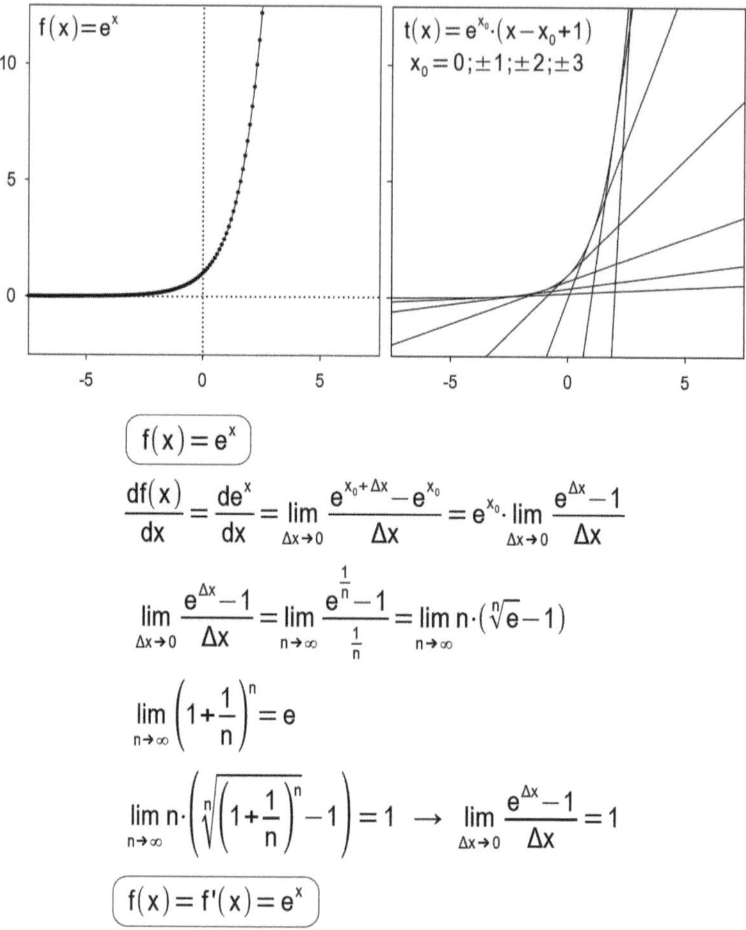

$$\boxed{f(x) = e^{x}}$$

$$\frac{df(x)}{dx} = \frac{de^{x}}{dx} = \lim_{\Delta x \to 0} \frac{e^{x_0 + \Delta x} - e^{x_0}}{\Delta x} = e^{x_0} \cdot \lim_{\Delta x \to 0} \frac{e^{\Delta x} - 1}{\Delta x}$$

$$\lim_{\Delta x \to 0} \frac{e^{\Delta x} - 1}{\Delta x} = \lim_{n \to \infty} \frac{e^{\frac{1}{n}} - 1}{\frac{1}{n}} = \lim_{n \to \infty} n \cdot \left(\sqrt[n]{e} - 1 \right)$$

$$\lim_{n \to \infty} \left(1 + \frac{1}{n} \right)^{n} = e$$

$$\lim_{n \to \infty} n \cdot \left(\sqrt[n]{\left(1 + \frac{1}{n} \right)^{n}} - 1 \right) = 1 \quad \to \quad \lim_{\Delta x \to 0} \frac{e^{\Delta x} - 1}{\Delta x} = 1$$

$$\boxed{f(x) = f'(x) = e^{x}}$$

Abb. 10.3 Differenziation der Exponentialfunktion

nicht deutlich werden. Doch Stoffwechselvorgänge von Tieren und Pflanzen sind sehr empfindliche, sich aus vielen Einzelvorgängen ergebende Gleichgewichtszustände. Als Einflussgrößen wirken insbesondere die Zu- und Abführung von Stoffen oder von Wärme im zeitlichen Verlauf. Das führt dazu, dass zu beliebigen Zeiten neue Stoffe (*Produkte*) neben den ursprünglichen Stoffen (*Edukte*) vorhanden sind. Das Beispiel zeigt eine noch vergleichsweise leicht zu berechnende Umwandlung eines Stoffs in einen anderen ohne Folge- oder Nebenvorgänge (Abb. 10.6). Der Abbau des Ausgangsstoffes (A) und die Bildung des neuen Stoffs (B) werden jeweils als d(Konzentration)/dt angesetzt (die eckigen Klammern bedeuten in der Chemie Konzentrationen). Das Ausmaß der Umsetzungen wird ausgedrückt durch zwei „gegensätzliche" Größen (*Reaktionskonstanten* k_1, k_{-1}). Die Umformungen, die vor allem durch die Vielzahl der Zeichen auf den ersten Blick verwirrend er-

Abb. 10.4 Integration der
Exponentialfunktion
(Trapezmethode)

$$A_1 = \frac{\Delta x}{2}\cdot\left(e^x + e^{x+\Delta x}\right)$$

$$A_2 = \frac{\Delta x}{2}\cdot\left(e^{x+\Delta x} + e^{x+2\cdot\Delta x}\right)$$

$$\dots$$

$$A_n = \frac{\Delta x}{2}\cdot\left(e^{x+(n-1)\cdot\Delta x} + e^{x+n\cdot\Delta x}\right)$$

$$A = \lim_{n\to\infty}\frac{\Delta x}{2}\cdot\left(e^x + 2\cdot e^{x+\Delta x} + \dots + 2\cdot e^{x+(n-1)\cdot\Delta x} + e^{x+n\cdot\Delta x}\right)$$

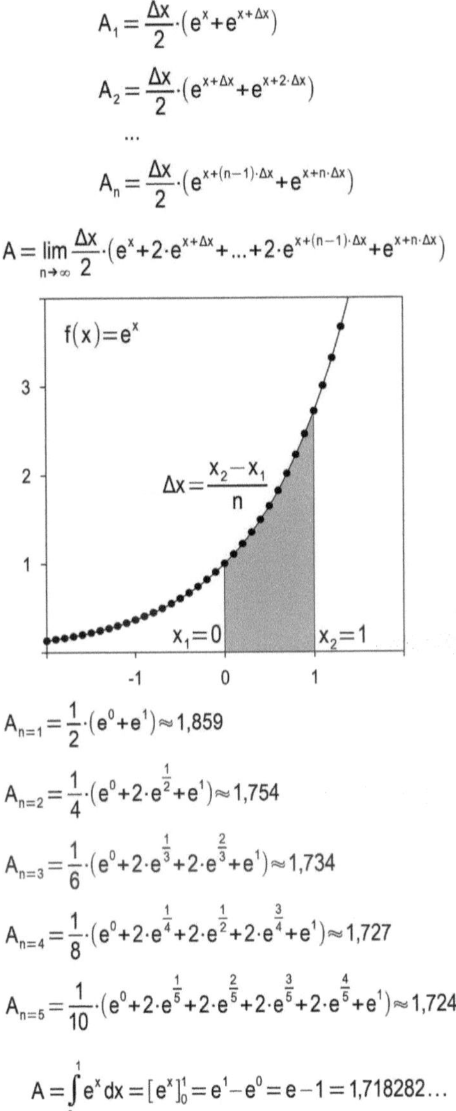

$$A_{n=1} = \frac{1}{2}\cdot\left(e^0 + e^1\right) \approx 1{,}859$$

$$A_{n=2} = \frac{1}{4}\cdot\left(e^0 + 2\cdot e^{\frac{1}{2}} + e^1\right) \approx 1{,}754$$

$$A_{n=3} = \frac{1}{6}\cdot\left(e^0 + 2\cdot e^{\frac{1}{3}} + 2\cdot e^{\frac{2}{3}} + e^1\right) \approx 1{,}734$$

$$A_{n=4} = \frac{1}{8}\cdot\left(e^0 + 2\cdot e^{\frac{1}{4}} + 2\cdot e^{\frac{1}{2}} + 2\cdot e^{\frac{3}{4}} + e^1\right) \approx 1{,}727$$

$$A_{n=5} = \frac{1}{10}\cdot\left(e^0 + 2\cdot e^{\frac{1}{5}} + 2\cdot e^{\frac{2}{5}} + 2\cdot e^{\frac{3}{5}} + 2\cdot e^{\frac{4}{5}} + e^1\right) \approx 1{,}724$$

$$A = \int_0^1 e^x\, dx = \left[e^x\right]_0^1 = e^1 - e^0 = e - 1 = 1{,}718282\dots$$

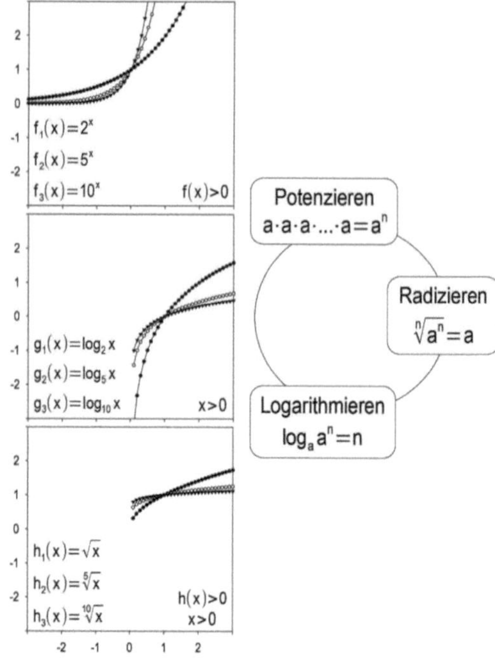

Abb. 10.5 Potenzieren-Logarithmieren-Radizieren im Zusammenhang

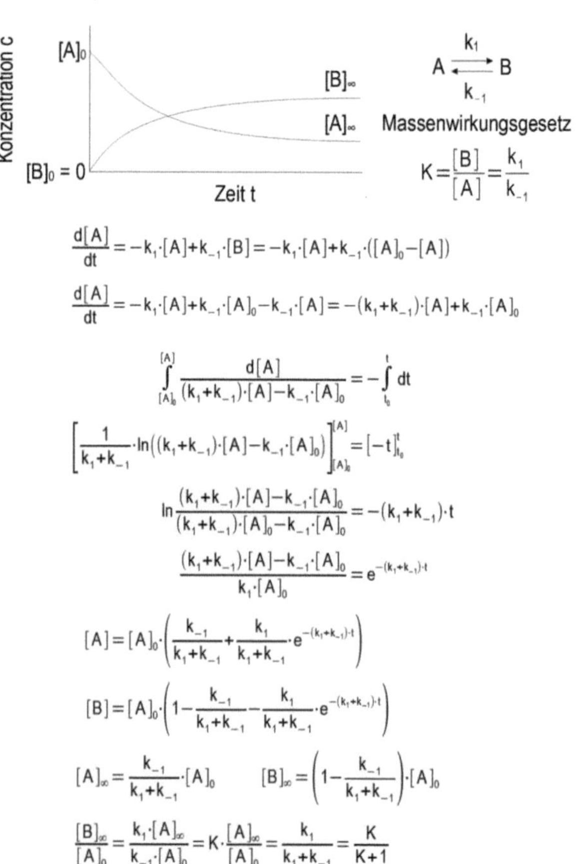

Abb. 10.6 Chemische Reaktion als Beispiel. (Kraus, 2024)

$$K=\frac{[B]}{[A]}=\frac{k_1}{k_{-1}}$$

$$\frac{d[A]}{dt}=-k_1\cdot[A]+k_{-1}\cdot[B]=-k_1\cdot[A]+k_{-1}\cdot([A]_0-[A])$$

$$\frac{d[A]}{dt}=-k_1\cdot[A]+k_{-1}\cdot[A]_0-k_{-1}\cdot[A]=-(k_1+k_{-1})\cdot[A]+k_{-1}\cdot[A]_0$$

$$\int_{[A]_0}^{[A]}\frac{d[A]}{(k_1+k_{-1})\cdot[A]-k_{-1}\cdot[A]_0}=-\int_{t_0}^{t}dt$$

$$\left[\frac{1}{k_1+k_{-1}}\cdot\ln\big((k_1+k_{-1})\cdot[A]-k_{-1}\cdot[A]_0\big)\right]_{[A]_0}^{[A]}=[-t]_{t_0}^{t}$$

$$\ln\frac{(k_1+k_{-1})\cdot[A]-k_{-1}\cdot[A]_0}{(k_1+k_{-1})\cdot[A]_0-k_{-1}\cdot[A]_0}=-(k_1+k_{-1})\cdot t$$

$$\frac{(k_1+k_{-1})\cdot[A]-k_{-1}\cdot[A]_0}{k_1\cdot[A]_0}=e^{-(k_1+k_{-1})\cdot t}$$

$$[A]=[A]_0\cdot\left(\frac{k_{-1}}{k_1+k_{-1}}+\frac{k_1}{k_1+k_{-1}}\cdot e^{-(k_1+k_{-1})\cdot t}\right)$$

$$[B]=[A]_0\cdot\left(1-\frac{k_{-1}}{k_1+k_{-1}}-\frac{k_1}{k_1+k_{-1}}\cdot e^{-(k_1+k_{-1})\cdot t}\right)$$

$$[A]_\infty=\frac{k_{-1}}{k_1+k_{-1}}\cdot[A]_0\qquad [B]_\infty=\left(1-\frac{k_{-1}}{k_1+k_{-1}}\right)\cdot[A]_0$$

$$\frac{[B]_\infty}{[A]_0}=\frac{k_1\cdot[A]_\infty}{k_{-1}\cdot[A]_0}=K\cdot\frac{[A]_\infty}{[A]_0}=\frac{k_1}{k_1+k_{-1}}=\frac{K}{K+1}$$

scheint, umfassen das Trennen der beiden *Differenziale* (so gelangt jedes auf eine Seite der Gleichung), die Integration (gegebenenfalls ist eine Integraltabelle zu nutzen), und das Beseitigen von *Logarithmentermen* durch Umwandeln in *Exponentialterme* (Gegenrechnung!) So entstehen Gleichungen für die *Konzentrationen* beider Stoffe bis zum Erreichen des Gleichgewichts und im Gleichgewicht.

Eine *Sorption* (lat. *sorbeo*, schlucken, verschlingen) geschieht durch Aufnahme eines Stoffes durch einen anderen (*Absorption*) oder Anlagerung an eine Oberfläche (*Adsorption*); der Stoff bleibt dabei erhalten. Im letzteren Fall bilden seine Teilchen (*Adsorptiv*) auf der Oberfläche eines Feststoffes (*Adsorbens*) eine Schicht (*Adsorbat*). In diesem Beispiel ist der Stoff (X) in einer Lösung enthalten, die eine feste Oberfläche benetzt (Abb. 10.7). Das Ganze führt bei gleichbleibenden Bedingungen ebenfalls zu einem Gleichgewichtszustand. Dabei gelten folgende Bedingungen:

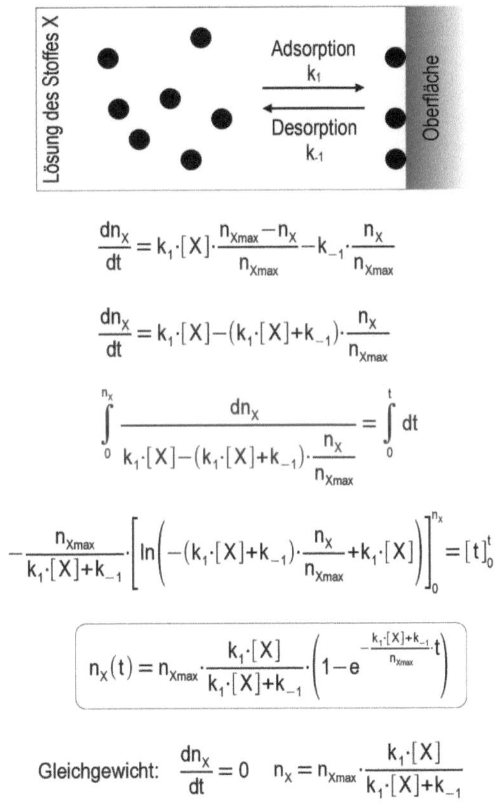

$$\frac{dn_X}{dt} = k_1 \cdot [X] \cdot \frac{n_{Xmax} - n_X}{n_{Xmax}} - k_{-1} \cdot \frac{n_X}{n_{Xmax}}$$

$$\frac{dn_X}{dt} = k_1 \cdot [X] - (k_1 \cdot [X] + k_{-1}) \cdot \frac{n_X}{n_{Xmax}}$$

$$\int_0^{n_X} \frac{dn_X}{k_1 \cdot [X] - (k_1 \cdot [X] + k_{-1}) \cdot \frac{n_X}{n_{Xmax}}} = \int_0^t dt$$

$$-\frac{n_{Xmax}}{k_1 \cdot [X] + k_{-1}} \cdot \left[\ln\left(-(k_1 \cdot [X] + k_{-1}) \cdot \frac{n_X}{n_{Xmax}} + k_1 \cdot [X] \right) \right]_0^{n_X} = [t]_0^t$$

$$n_X(t) = n_{Xmax} \cdot \frac{k_1 \cdot [X]}{k_1 \cdot [X] + k_{-1}} \cdot \left(1 - e^{-\frac{k_1 \cdot [X] + k_{-1}}{n_{Xmax}} \cdot t} \right)$$

Gleichgewicht: $\quad \dfrac{dn_X}{dt} = 0 \qquad n_X = n_{Xmax} \cdot \dfrac{k_1 \cdot [X]}{k_1 \cdot [X] + k_{-1}}$

Abb. 10.7 Adsorptionsisotherme als Beispiel. (Kraus, 2024)

- Die Teilchen beeinflussen sich nicht gegenseitig und verändern sich nicht, ebenso wenig die zu besetzende Oberfläche. Letztere wird nur von einer Teilchenschicht bedeckt; daraus ergibt sich eine höchstmögliche Teilchenzahl (n_{xmax}), die angelagert werden kann.
- Der zeitliche Verlauf der Anlagerung (*Adsorption*) wird von der Menge der Teilchen in der Lösung sowie dem noch nicht bedeckten Teil der Oberfläche bestimmt, der zeitliche Verlauf der Ablösung (*Desorption*) nur vom bedeckten Teil der Oberfläche.
- Ein Gleichgewicht ist erreicht, wenn sich die Anzahlen von Teilchen auf der Oberfläche (n_x) und in der Lösung nicht mehr ändern: In jedem beliebigen Zeitraum werden dann so viele Teilchen angelagert wie abgelöst; der Anteil der bedeckten Oberfläche bleibt gleich.

Der Ansatz zeigt also wie im vorigen Beispiel eine zeitliche Veränderung d(Mengengröße)/dt. Das Ausmaß der Veränderung unter gegebenen Bedingungen wird durch jeweils eine Größe (k_1, k_{-1}) für jeden der beiden Teilvorgänge ausgedrückt. *Integration* des Ansatzes (jedes Differenzial muss auf eine Seite der Gleichung!) führt zu einer *Exponentialfunktion*, deren Grenzwert die Sättigung der Oberfläche wiedergibt. Die erhaltene Beziehung heißt *Adsorptionsisotherme* (griech. *isos*, gleich, *thermos*, warm, heiß) für den Fall, dass mit der Umgebung keine Wärme ausgetauscht wird (zudem darf es keinen Austausch mit Teilchen von außerhalb der Lösung geben, das würde das Gleichgewicht ebenso stören).

Literatur

Kraus, M. H. (2024). *Diesseits und Jenseits. Mathematik und Phänomenologie der Grenze.* Springer.

Trigonometrische Funktionen   11

Zusammenfassung

Beschrieben werden die bekannten Trigonometrischen Funktionen am Beispiel der Sinusfunktion; die Fourier-Reihenentwicklung wird eingeführt.

Die Eigenschaften und Besonderheiten der *Trigonometrischen Funktionen* wurden oft dargestellt; sie spielen eine wichtige Rolle bei der Beschreibung aller Vorgänge, die auf Wiederholungen beruhen, insbesondere Schwingungen. Insofern sei hier nur auf einige Punkte verwiesen. Die *Periodizität* (griech. *periodos*, Kreislauf, Wiederkehr) sorgt für eine Regelmäßigkeit derart, dass sich bei beiderseits unendlicher Erstreckung in x-Richtung die Nullstellen in einer gewissen, gleichmäßigen Abfolge wiederholen, während die Auslenkung in y-Richtung begrenzt ist. Diese Auslenkung nach „oben" und „unten" kann jedoch durch Ergänzung der Gleichung verändert werden; Beispiele sind gedämpfte Schwingungen, die nach gewisser Zeit enden, oder aber Schwingungen, die sich aufschaukeln. Durch die Wandlung von *Koeffizienten/Parametern* entsteht eine Formenvielfalt, wie ein kleiner *Funktionenkatalog* zeigt (Abb. 11.1). Durch *Addieren/Multiplizieren* mit anderen Funktionen kann diesen ebenfalls eine Regelmäßigkeit aufgeprägt werden.

Nachdem sich neben anderen bereits *Leonhard Euler* und *Daniel Bernoulli* (*1700, †1782), Sohn von *Johann Bernoulli (I)*, mit der Überlagerung von Kurven, insbesondere Wellenformen, befasst hatten, gelang es dem französischen Mathematiker *Jean Baptiste Joseph Fourier* (*1768, †1830), hier ein neues Forschungsfeld zu eröffnen: Eine Vielzahl von Funktionen ist durch Reihenentwicklungen – um ein weiteres bereits behandeltes Stichwort aufzunehmen – in überlagerte *Sinus-/Cosinusfunktionen* wandelbar (Bronstein et al., 2006). Die *Fourier-Transformation* wird am Beispiel der Umrechnung der bekannten „Welle" in einen Rechteck-

M. H. Kraus, S. Wagner, *Kompaktkurs Analysis*,
https://doi.org/10.1007/978-3-662-72383-8_11

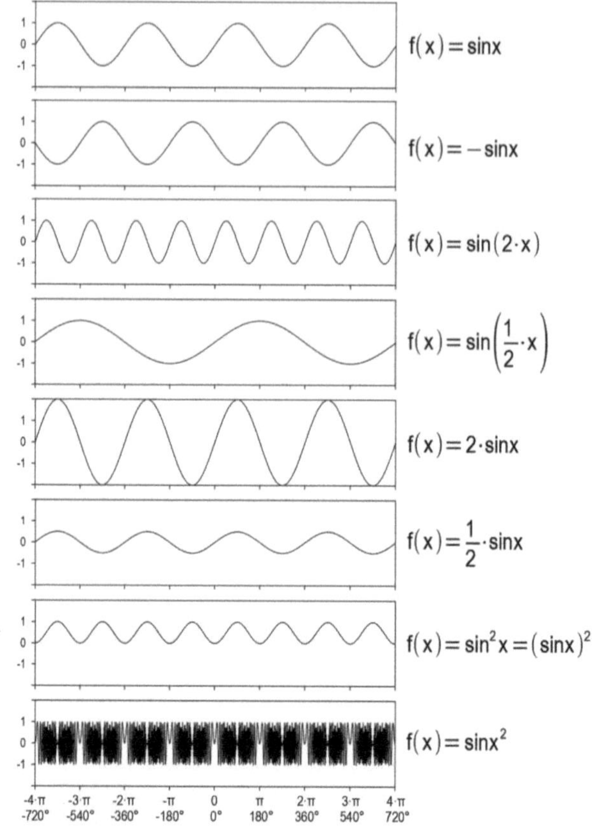

Abb. 11.1 Sinusfunktionen mit abgewandelten Parametern

Impuls gezeigt (Abb. 11.2). Zahlreiche andere Formen wurde erprobt und sind heute nicht mehr entbehrlich, wenn Signale aufgezeichnet, gespeichert und bearbeitet werden; das betrifft alle modernen bild- und tonverarbeitenden Verfahren. So werden Datensätze verkleinert, Fehler getilgt und „Rauschen" ausgefiltert. *Modulation* (lat. *modulus*, Maßstab, Takt) ist die Grundlage des Rundfunks und des Funkverkehrs.

Abb. 11.2 Fourier-Entwicklung am Beispiel $f(x) = \sin x$

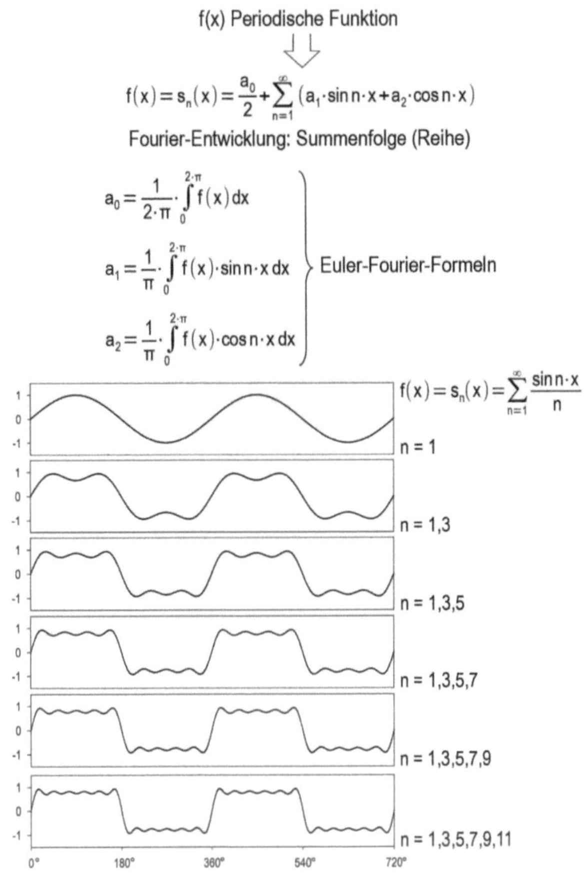

Literatur

Bronstein, I. N., et al. (2006). *Taschenbuch der Mathematik.* Verlag Harri Deutsch.

Kreis und Kugel 12

Zusammenfassung

Kreis und Kugel mit ihren klaren Formen scheinen leicht zu beschreiben. Doch schon in der Antike erwiesen sie sich als rechnerisch schwer fassbar. Einige lehrreiche Ansätze werden gezeigt, darunter auch die Erzeugung von Lamé-Kurven.

Kreise und Kugeln erscheinen als vollkommene Gestalten (im D_2 und D_3; im D_4 und höheren Welten werden gar *Hypersphären* berechnet). Sie haben jeweils nur einen besonderen Punkt, den Mittelpunkt. Alle anderen Punkte, von denen es jeweils unendlich viele gibt, gehören entweder zu Rand/Umfang (Kreis) und Oberfläche (Kugel) oder zum Inneren. Die *Symmetrie* (griech./lat. *symmetria*, Ebenmaß, Gleichmaß) mag daher gar, etwa verglichen mit Kristallen, etwas langweilig erscheinen (das täuscht aber!)

Doch wo keine Unterschiede sind, können welche erzeugt werden (Abb. 12.1): Das Einteilen des Kreises durch Winkel ist ein Beispiel: Die unendlich vielen Radien eines Kreises erschaffen jeweils zu zweit unendlich viele Winkel. Die Sehne, die aus zwei Radien ein Dreieck macht, ist dabei stets ein wenig kürzer als das zugehörige Bogenstück aus dem Umfang des Kreises. Wann aber ist die Sehne „etwa so lang" wie das Bogenstück? Das ist natürlich abhängig vom Maßstab der Betrachtung, also der Größe des Kreises, und den jeweiligen Vorgaben (was soll berechnet oder abgebildet werden, was ist „etwa"?) Es lässt sich aus dem bisher Ausgeführten erschließen, dass das Einteilen des Kreises in sehr viele, „fast" unendlich viele, gleich große Winkel, die dann jeweils sehr klein, „fast" unendlich klein sind, dazu führt, dass die Sehnen „fast" so lang wie die Bogenstücke sind. Das Verhältnis s/b nähert sich dann „von unten" der Eins. Das lässt sich rechnerisch mit dem *Cosinussatz* fassen und dann auch bildlich darstellen, abhängig von der Feinheit der Teilungen oder der Größe der entstehenden Winkel (Abb. 12.2).

M. H. Kraus, S. Wagner, *Kompaktkurs Analysis*, https://doi.org/10.1007/978-3-662-72383-8_12

"

$$\frac{u}{b} = \frac{360°}{\alpha} \qquad\qquad \alpha = \frac{360°}{n}$$

$$u = 2 \cdot \pi \cdot r \qquad\qquad 360° = 2 \cdot \pi$$

$$s^2 = 2 \cdot r^2 \cdot (1 - \cos\alpha) \qquad b = \frac{\pi \cdot \alpha}{180°} \cdot r = \frac{2 \cdot \pi}{n} \cdot r$$

$$s = \sqrt{2 \cdot (1 - \cos\alpha)} \cdot r = \sqrt{2 \cdot \left(1 - \cos\frac{360°}{n}\right)} \cdot r$$

$$\frac{s}{b} = f(\alpha) = \frac{180°}{\pi \cdot \alpha} \cdot \sqrt{2 \cdot (1 - \cos\alpha)}$$

$$\frac{s}{b} = f(n) = \frac{n}{2 \cdot \pi} \cdot \sqrt{2 \cdot \left(1 - \cos\frac{2 \cdot \pi}{n}\right)}$$

$$\lim_{\alpha \to 0} f(\alpha) = \lim_{n \to \infty} f(n) = 1$$

Abb. 12.2 Annäherung von Bogen und Sehne

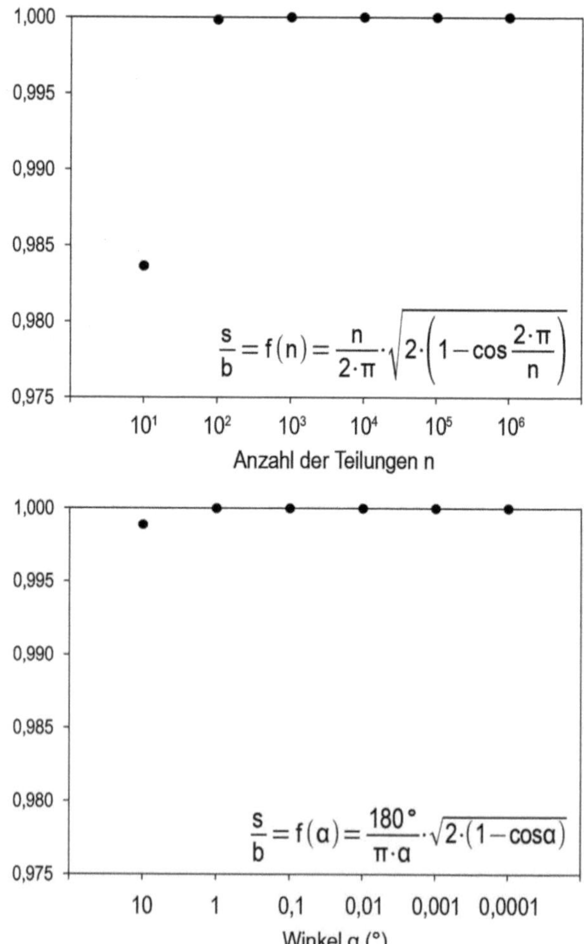

Das veranlasst nebenbei zum Nachdenken über Krümmungen. Der Umfang eines Kreises ist, genau wie eine Gerade, ein ebenes Gebilde (D_2); er lässt sich in eine Ebene legen. Er ist aber keine Gerade, denn von seinen gedacht unendlich vielen Punkten liegen jeweils immer nur zwei auf einer Gerade. Der Umfang ist gekrümmt, und zwar regelmäßig. Dass dies klare Begriffe von Geraden und Abständen erfordert, also von Lagebeziehungen einer *Metrik*, ist klar. Nun können Kreise unterschiedlich groß sein; das wiederum führt zu zwei Grenzfällen:

- Wird ein Kreis sehr klein, schrumpft also sein Durchmesser in Richtung der Null, verstärkt sich die Krümmung ($k = 1/r$) immer weiter. Im Fall $d = r = 0$ ist die Linie zu einem Punkt geworden.
- Wird ein Kreis sehr groß, wächst der Durchmesser ins Unendliche und ähnelt dann in beliebigen Ausschnitten einer Gerade. Die Krümmung vermindert sich entsprechend und strebt gegen die Null.

Auf Überlegungen zum Umfang folgen solche über die Fläche des Kreises (Abb. 12.3): Hierzu wird nur ein Winkel benötigt. Die bekannten Winkelbeziehungen

Abb. 12.3 Flächenformel des Kreises

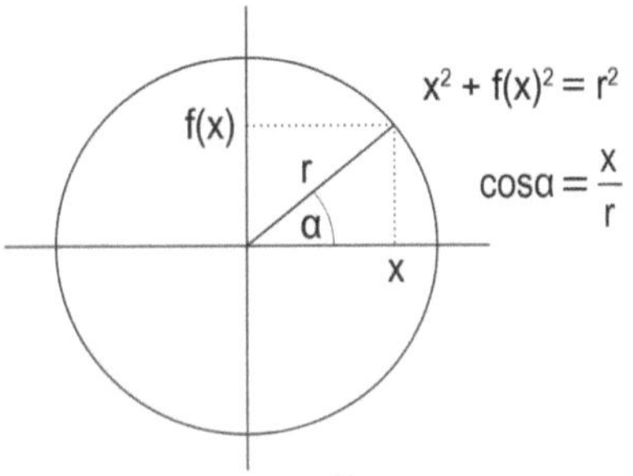

$$x^2 + f(x)^2 = r^2$$

$$\cos\alpha = \frac{x}{r}$$

$$A = 4 \cdot \int_0^r \sqrt{r^2 - x^2}\, dx = 4 \cdot \int_0^{\frac{\pi}{2}} \sqrt{r^2 - r^2 \cdot \cos^2\alpha}\, dx$$

$$x = r \cdot \cos\alpha \qquad \frac{dx}{d\alpha} = -r \cdot \sin\alpha \qquad dx = -r \cdot \sin\alpha \cdot d\alpha$$

$$A = 4 \cdot \int_0^{\frac{\pi}{2}} \sqrt{r^2 \cdot (1 - \cos^2\alpha)} \cdot (-r) \cdot \sin\alpha\, d\alpha$$

$$A = 4 \cdot \int_0^{\frac{\pi}{2}} \sqrt{r^4 \cdot (1 - \cos^2\alpha) \cdot \sin^2\alpha}\, d\alpha$$

$$\sin^2 x + \cos^2 x = 1 \qquad\qquad \text{Integraltabelle}$$

$$A = 4 \cdot r^2 \cdot \int_0^{\frac{\pi}{2}} \sqrt{(1 - \cos^2\alpha)^2}\, d\alpha = 4 \cdot r^2 \cdot \left[\frac{\alpha}{2} - \frac{\sin 2 \cdot \alpha}{4} \right]_0^{\frac{\pi}{2}}$$

$$A = 4 \cdot r^2 \cdot \left(\left(\frac{\pi}{4} - 0 \right) - (0 - 0) \right) = \pi \cdot r^2$$

und ein Leibniz-Differenzial verhelfen zu einer Beziehung für das Kreisviertel im I. Quadranten. Da die Herleitung sehr anspruchsvoll ist, genügt im letzten Teil ein Blick in eine übliche Integraltabelle, um durch Umformen die bekannte Gleichung für die Kreisfläche zu erhalten (Gottwald et al., 1995).

Das wiederum verleitet dazu, eines der antiken Gedankenspiele nachzuvollziehen – die bereits erwähnte *Exhaustionsmethode* (Abb. 12.4): Ein beliebiges, aber endliches Flächengebilde wird so dicht (flächendeckend) ausgelegt wie möglich, und zwar mit regelmäßigen, berechenbaren Flächengebilden wie etwa Dreiecken. In diesem Fall werden wie in den vorigen Beispielen Winkel genutzt, deren Schei-

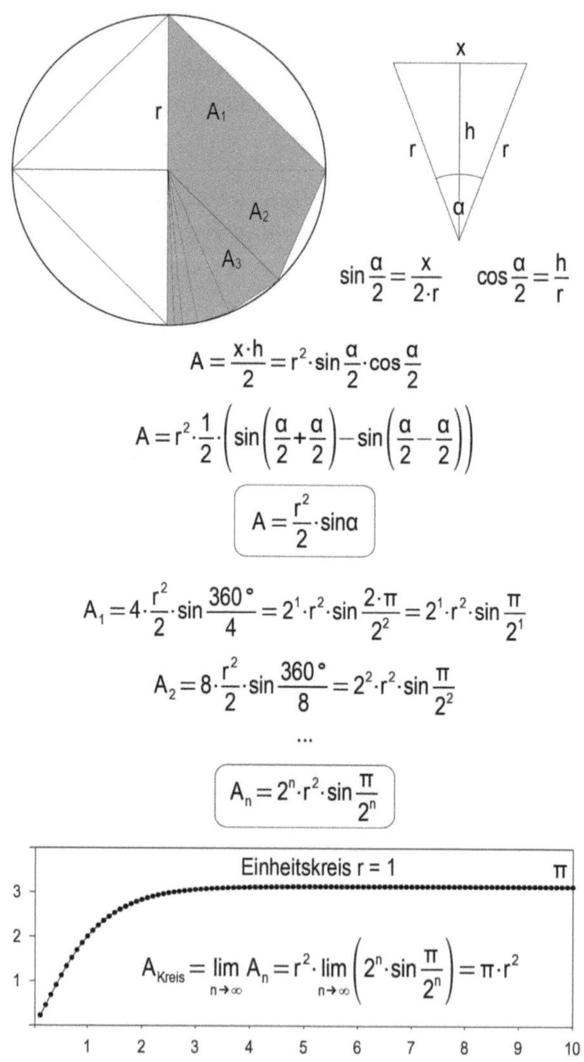

$$\sin\frac{\alpha}{2}=\frac{x}{2\cdot r}\qquad \cos\frac{\alpha}{2}=\frac{h}{r}$$

$$A=\frac{x\cdot h}{2}=r^2\cdot\sin\frac{\alpha}{2}\cdot\cos\frac{\alpha}{2}$$

$$A=r^2\cdot\frac{1}{2}\cdot\left(\sin\left(\frac{\alpha}{2}+\frac{\alpha}{2}\right)-\sin\left(\frac{\alpha}{2}-\frac{\alpha}{2}\right)\right)$$

$$A=\frac{r^2}{2}\cdot\sin\alpha$$

$$A_1=4\cdot\frac{r^2}{2}\cdot\sin\frac{360°}{4}=2^1\cdot r^2\cdot\sin\frac{2\cdot\pi}{2^2}=2^1\cdot r^2\cdot\sin\frac{\pi}{2^1}$$

$$A_2=8\cdot\frac{r^2}{2}\cdot\sin\frac{360°}{8}=2^2\cdot r^2\cdot\sin\frac{\pi}{2^2}$$

$$\dots$$

$$A_n=2^n\cdot r^2\cdot\sin\frac{\pi}{2^n}$$

$$A_{Kreis}=\lim_{n\to\infty}A_n=r^2\cdot\lim_{n\to\infty}\left(2^n\cdot\sin\frac{\pi}{2^n}\right)=\pi\cdot r^2$$

Abb. 12.4 Exhaustionsmethode am Kreis

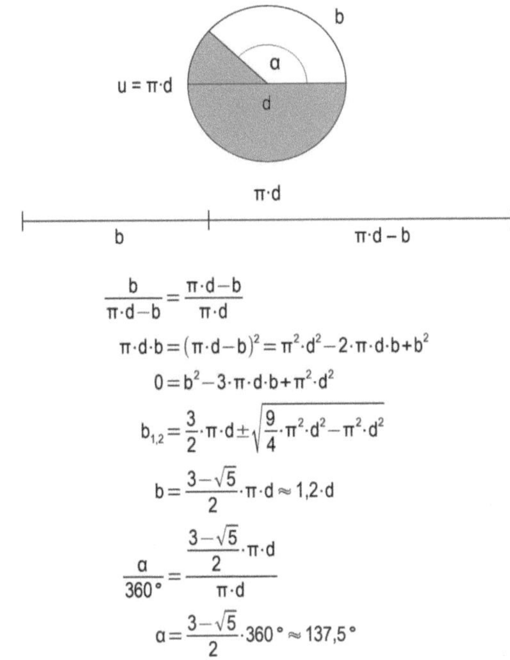

Abb. 12.5 Goldener Schnitt am Kreis

$$\frac{b}{\pi \cdot d - b} = \frac{\pi \cdot d - b}{\pi \cdot d}$$

$$\pi \cdot d \cdot b = (\pi \cdot d - b)^2 = \pi^2 \cdot d^2 - 2 \cdot \pi \cdot d \cdot b + b^2$$

$$0 = b^2 - 3 \cdot \pi \cdot d \cdot b + \pi^2 \cdot d^2$$

$$b_{1,2} = \frac{3}{2} \cdot \pi \cdot d \pm \sqrt{\frac{9}{4} \cdot \pi^2 \cdot d^2 - \pi^2 \cdot d^2}$$

$$b = \frac{3 - \sqrt{5}}{2} \cdot \pi \cdot d \approx 1{,}2 \cdot d$$

$$\frac{\alpha}{360°} = \frac{\dfrac{3 - \sqrt{5}}{2} \cdot \pi \cdot d}{\pi \cdot d}$$

$$\alpha = \frac{3 - \sqrt{5}}{2} \cdot 360° \approx 137{,}5°$$

telpunkt dem Mittelpunkt des Kreises entspricht. Der erste ist ein rechter Winkel (90°), der daran anschließende die Hälfte davon (45°), der wiederum daran anschließende ein Viertel davon (22,5°) und so weiter. Wie schmal müssen solche Dreiecke sein, damit ihre Summe über den gesamten Kreis der Kreisfläche entspricht? Benötigt wird also eine Flächenformel, die den Winkel berücksichtigt, daraus ist eine allgemeine Formel für alle möglichen Teildreiecke herzuleiten, und dann geht es zur Grenzwertbetrachtung. Diese nutzt zur Vereinfachung einen sogenannten Einheitskreis (r = 1) und eine bildliche Darstellung, da auch diese Herleitung recht anspruchsvoll ist. Es ergibt sich wiederum die bekannte Flächenformel.

Geradezu folgerichtig ist es nun, den ebenfalls schon erwähnten Goldenen Schnitt auf den Kreis anzuwenden (Abb. 12.5). Genutzt wird der Umfang, von den sich auf den Winkel schließen lässt. Dieser ist auch etwa der Winkel, der von oben oder von unten gesehen, zwischen Blattansätzen vieler Pflanzen besteht (Cook, 1979/1914; Livio, 2003): Neue Blätter werden von unten nach oben spiralförmig angesetzt. Die Versetzung um etwa 140° verhindert, dass ältere Blätter von den neuen zu stark verschattet werden, ermöglicht aber der Pflanze trotzdem, genügend neue Blätter anzusetzen.

Erwähnt sei ein Scheinwiderspruch, wie er sich gelegentlich aus Grenzwertbetrachtungen ergibt – am Beispiel des Wachstums eines Kreises (Abb. 12.6): Er soll sich in alle Richtungen so ausdehnen, dass jeder Flächenzuwachs in seinem Ausmaß der ursprünglichen Kreisfläche entspricht. Es werden also immer neue Kreisringe um den Anfangskreis; sie werden folgerichtig immer schmaler. Dass die Fläche nach diesem Verfahren ins Unendliche wächst, ist zu erwarten. Doch das

Abb. 12.6 Wachstum
eines Kreises

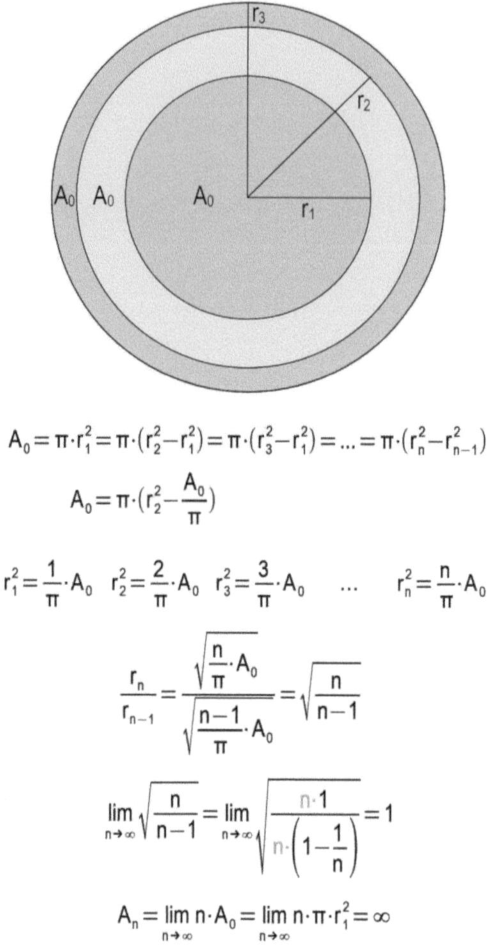

$$A_0 = \pi \cdot r_1^2 = \pi \cdot (r_2^2 - r_1^2) = \pi \cdot (r_3^2 - r_1^2) = \dots = \pi \cdot (r_n^2 - r_{n-1}^2)$$

$$A_0 = \pi \cdot \left(r_2^2 - \frac{A_0}{\pi} \right)$$

$$r_1^2 = \frac{1}{\pi} \cdot A_0 \quad r_2^2 = \frac{2}{\pi} \cdot A_0 \quad r_3^2 = \frac{3}{\pi} \cdot A_0 \quad \dots \quad r_n^2 = \frac{n}{\pi} \cdot A_0$$

$$\frac{r_n}{r_{n-1}} = \frac{\sqrt{\frac{n}{\pi} \cdot A_0}}{\sqrt{\frac{n-1}{\pi} \cdot A_0}} = \sqrt{\frac{n}{n-1}}$$

$$\lim_{n \to \infty} \sqrt{\frac{n}{n-1}} = \lim_{n \to \infty} \sqrt{\frac{n \cdot 1}{n \cdot \left(1 - \frac{1}{n}\right)}} = 1$$

$$A_n = \lim_{n \to \infty} n \cdot A_0 = \lim_{n \to \infty} n \cdot \pi \cdot r_1^2 = \infty$$

Verhältnis jeden neuen Umfangs zu jeweils vorigen Umfang strebt bei einer erheblichen Zahl solcher Vergrößerungen gegen die Eins. Mit anderen Worten ändern sich Umfang und Durchmesser des Gebildes nicht mehr, obwohl es gleichmäßig wächst! Aus ähnlichen Gründen verblüffend sind zwei klassische Beispiele, nämlich *Gabriels Horn/Torricellis Trompete* und die *Koch-Kurve*, die im nächsten Abschnitt erscheinen.

Abb. 12.7 Lamé-Figur:
Kreis und Quadrat

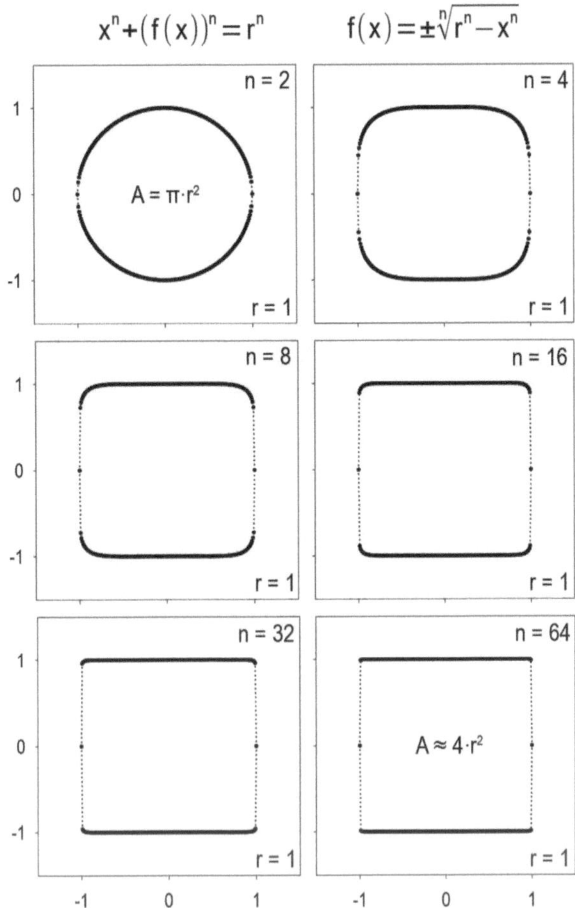

Einen Kreis in ein Viereck umzuwandeln, und das mit beliebig vielen Zwischen-
formen, gelingt in Gestalt der *Lamé-Kurven*, benannt nach dem französischen
Mathematiker und Physiker *Gabriel Lamé* (*1795, †1870). Ein Kreis kann nach
und nach in ein Quadrat umgeformt werden (Abb. 12.7). Dabei ergibt sich die
Frage nach dem Gütemaß (Abb. 12.8): Wann sind die Ecken der Figur hinreichend
ausgeprägt? Wann wird der Kreis eckig? Dies lässt sich mit einer Grenzwertbetrachtung in einer „ε-Umgebung" zeigen. Und durch Abwandlung weiterer

Abb. 12.8 Lamé-Figur
mit „Epsilontik"

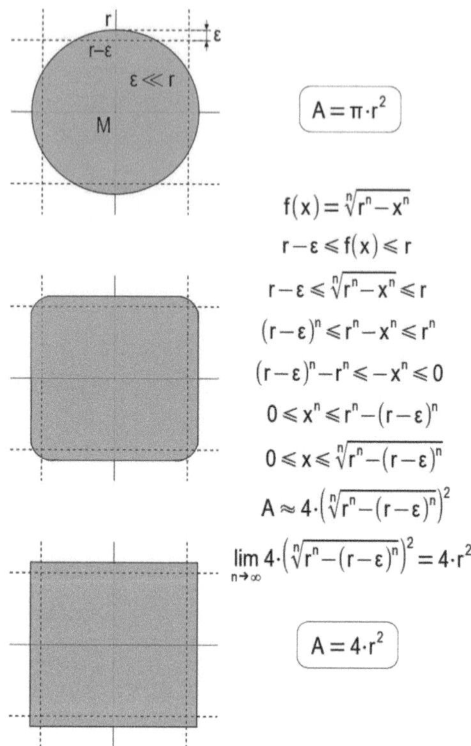

$$A = \pi \cdot r^2$$

$$f(x) = \sqrt[n]{r^n - x^n}$$

$$r - \varepsilon \leqslant f(x) \leqslant r$$

$$r - \varepsilon \leqslant \sqrt[n]{r^n - x^n} \leqslant r$$

$$(r - \varepsilon)^n \leqslant r^n - x^n \leqslant r^n$$

$$(r - \varepsilon)^n - r^n \leqslant -x^n \leqslant 0$$

$$0 \leqslant x^n \leqslant r^n - (r - \varepsilon)^n$$

$$0 \leqslant x \leqslant \sqrt[n]{r^n - (r - \varepsilon)^n}$$

$$A \approx 4 \cdot \left(\sqrt[n]{r^n - (r - \varepsilon)^n} \right)^2$$

$$\lim_{n \to \infty} 4 \cdot \left(\sqrt[n]{r^n - (r - \varepsilon)^n} \right)^2 = 4 \cdot r^2$$

$$A = 4 \cdot r^2$$

Parameter können sogar Kreis und Ellipse, Quadrat und Rechteck ineinander umgewandelt werden (Abb. 12.9). Das gelingt im Übrigen auch mit der Kugel und dem Würfel im Raum (D_3).

Differenziation an der Kugel führt im Übrigen zu einem Gedankenversuch, der schon *Archimedes* beschäftigte. Mangels der heutigen leistungsfähigen Formelsprache konnte damals nur umschrieben werden, dass einmalige Ableitung des Rauminhalts (D_3) zur Fläche der Äquatorialebene (D_2) führt, zweimalige aber zum vierfachen Umfang (Abb. 12.10). Und dass die Kugel nicht nur als gedachte und berechnete Gestalt, sondern als gegenständliches, (licht-)durchlässiges Gebilde mehr Überraschungen bereithält, kann hier nur nebenher erwähnt werden (Abb. 12.11).

Abb. 12.9 Lamé-Figur: Kreis, Ellipse, Rechteck

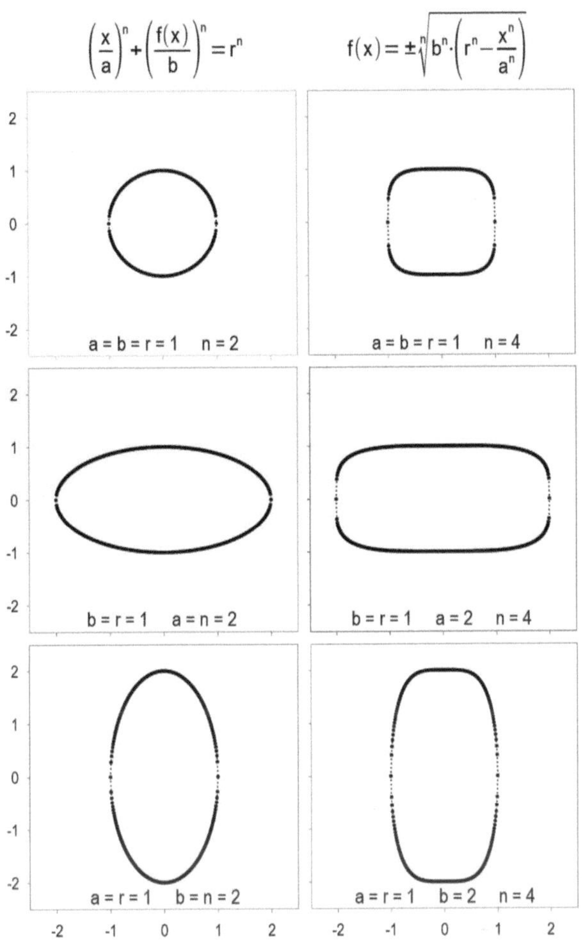

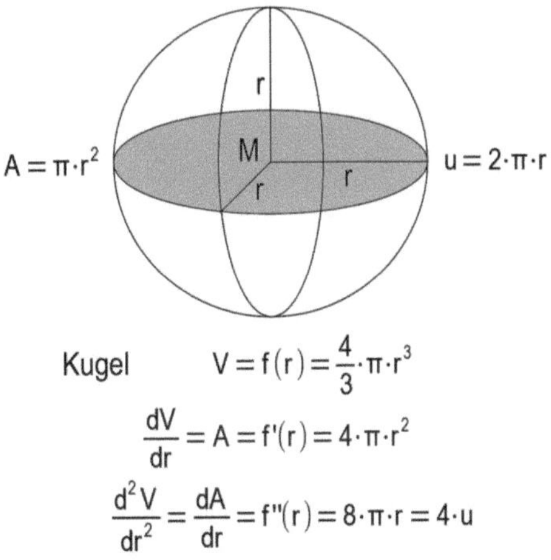

Abb. 12.10 Differenziation an der Kugel

Abb. 12.11 Kugel im Licht

Literatur

Cook, T. A. (1979/1914). *The curves of life*. Dover Publications.
Gottwald, S., et al. (Hrsg.). (1995). *Meyers Kleine Enzyklopädie Mathematik*. Meyers Lexikon-Verlag.
Livio, M. (2003). *The golden ratio*. Crown Publishing/Broadway.

Zusammenfassung

Die bisherigen Inhalte werden vertiefend angewendet.

Ein bekanntes Übungsbeispiel ist der Zuschnitt eines offenen Kastens aus einem Stück Blech (Abb. 13.1): Wie sind Länge, Breite und Höhe zu wählen, um einen Kasten mit möglichst großem Inhalt zu erhalten? Es geht um *Optimierung* (lat. *optimum*, das Beste). Vorzugehen ist wie bei einer *Kurvendiskussion* insofern, dass (1.) eine geeignete *Funktion* zu suchen ist, die zur Aufgabe passt (Rauminhalt aus Länge, Breite und Höhe in den Grenzen eines ursprünglichen Rechtecks). Nun ist (2.) davon die erste Ableitung zu bilden, die nullgesetzt den (wie hier) höchsten oder niedrigsten Wert ergibt. Es können dabei sperrige Ausdrücke auftreten oder eben auch Scheinlösungen; eine Probe durch Einsetzen und kurzes Nachdenken hilft beim Auswählen der richtigen von beiden Lösungen.

Ein anderes Beispiel bezieht sich auch auf Rauminhalte, ist aber etwas aufwendiger – die Berechnung eines *Rotationsvolumens*, hier eines Kegelstumpfes (Abb. 13.2). Es gilt, eine Kurve zu finden, die bei Drehung um die x-Achse den Mantel beschreibt. *Lineare Funktionen* sind gefragt. Die Anwendung eines Strahlensatzes gibt eine Gleichung als Zwischenform, mit der schon gearbeitet werden könnte. Wird die Aufmerksamkeit nun auf Grund- und Deckfläche des Stumpfes gerichtet, die Spitze des – gedacht vollständigen – Kegels der Einfachheit halber auf O(0,0) gelegt, ergibt sich eine auffällige Formel, die nicht zufällig an etwas bereits Behandeltes erinnert (Abb. 13.3): *Differenziation* von Rauminhalten (D_3) ergibt Flächen (D_2), wobei die Größen, nach denen abgeleitet wird, jeweils rechtwinklig zu den Flächen gelagert sind; *Integration* einer (Körper-)Fläche ergibt einen Körper. Es zeigt sich die in Lehrwerken zu findende Formel für Körper, die durch Drehung einer Kurve um die x-Achse entstanden sind.

M. H. Kraus, S. Wagner, *Kompaktkurs Analysis*, https://doi.org/10.1007/978-3-662-72383-8_13

Abb. 13.1 Optimierungs-
problem: Kasten

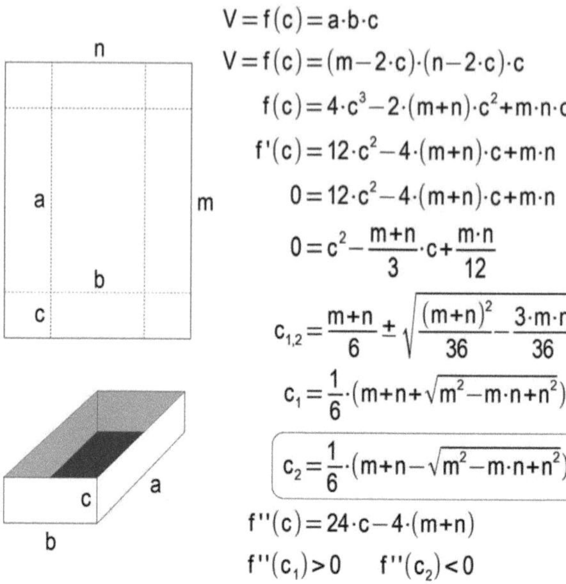

$$V = f(c) = a \cdot b \cdot c$$

$$V = f(c) = (m - 2 \cdot c) \cdot (n - 2 \cdot c) \cdot c$$

$$f(c) = 4 \cdot c^3 - 2 \cdot (m+n) \cdot c^2 + m \cdot n \cdot c$$

$$f'(c) = 12 \cdot c^2 - 4 \cdot (m+n) \cdot c + m \cdot n$$

$$0 = 12 \cdot c^2 - 4 \cdot (m+n) \cdot c + m \cdot n$$

$$0 = c^2 - \frac{m+n}{3} \cdot c + \frac{m \cdot n}{12}$$

$$c_{1,2} = \frac{m+n}{6} \pm \sqrt{\frac{(m+n)^2}{36} - \frac{3 \cdot m \cdot n}{36}}$$

$$c_1 = \frac{1}{6} \cdot \left(m+n+\sqrt{m^2 - m \cdot n + n^2}\right)$$

$$c_2 = \frac{1}{6} \cdot \left(m+n-\sqrt{m^2 - m \cdot n + n^2}\right)$$

$$f''(c) = 24 \cdot c - 4 \cdot (m+n)$$

$$f''(c_1) > 0 \qquad f''(c_2) < 0$$

Abb. 13.2 Berechnung
eines Kegelstumpfs (Teil 1)

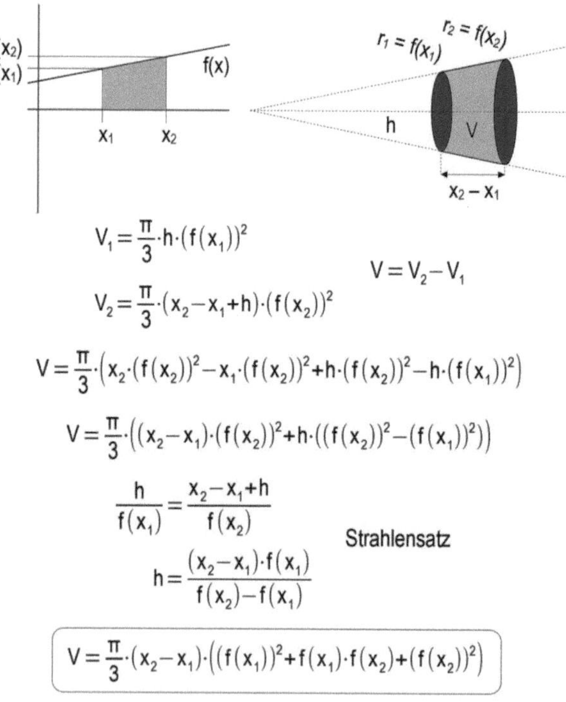

$$V_1 = \frac{\pi}{3} \cdot h \cdot \left(f(x_1)\right)^2$$

$$V = V_2 - V_1$$

$$V_2 = \frac{\pi}{3} \cdot (x_2 - x_1 + h) \cdot \left(f(x_2)\right)^2$$

$$V = \frac{\pi}{3} \cdot \left(x_2 \cdot (f(x_2))^2 - x_1 \cdot (f(x_2))^2 + h \cdot (f(x_2))^2 - h \cdot (f(x_1))^2\right)$$

$$V = \frac{\pi}{3} \cdot \left((x_2 - x_1) \cdot (f(x_2))^2 + h \cdot \left((f(x_2))^2 - (f(x_1))^2\right)\right)$$

$$\frac{h}{f(x_1)} = \frac{x_2 - x_1 + h}{f(x_2)} \qquad \text{Strahlensatz}$$

$$h = \frac{(x_2 - x_1) \cdot f(x_1)}{f(x_2) - f(x_1)}$$

$$V = \frac{\pi}{3} \cdot (x_2 - x_1) \cdot \left((f(x_1))^2 + f(x_1) \cdot f(x_2) + (f(x_2))^2\right)$$

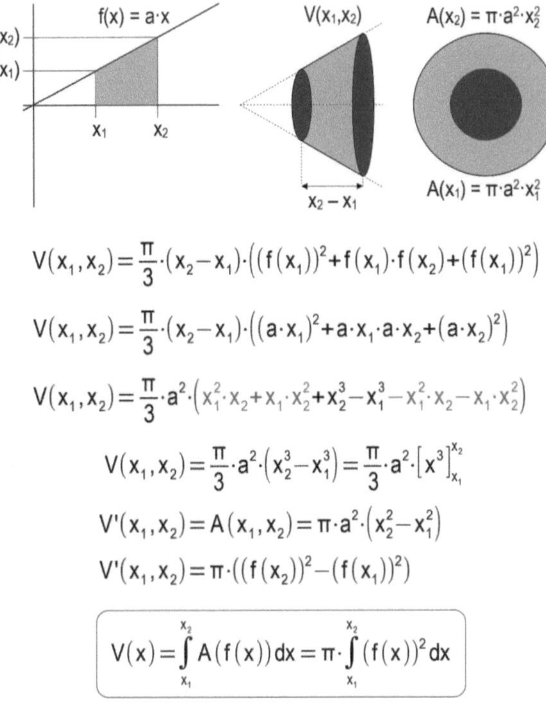

Abb. 13.3 Berechnung eines Kegelstumpfs (Teil 2)

$$V(x_1,x_2) = \frac{\pi}{3}\cdot(x_2 - x_1)\cdot\left((f(x_1))^2 + f(x_1)\cdot f(x_2) + (f(x_1))^2\right)$$

$$V(x_1,x_2) = \frac{\pi}{3}\cdot(x_2 - x_1)\cdot\left((a\cdot x_1)^2 + a\cdot x_1\cdot a\cdot x_2 + (a\cdot x_2)^2\right)$$

$$V(x_1,x_2) = \frac{\pi}{3}\cdot a^2\cdot\left(x_1^2\cdot x_2 + x_1\cdot x_2^2 + x_2^3 - x_1^3 - x_1^2\cdot x_2 - x_1\cdot x_2^2\right)$$

$$V(x_1,x_2) = \frac{\pi}{3}\cdot a^2\cdot\left(x_2^3 - x_1^3\right) = \frac{\pi}{3}\cdot a^2\cdot\left[x^3\right]_{x_1}^{x_2}$$

$$V'(x_1,x_2) = A(x_1,x_2) = \pi\cdot a^2\cdot\left(x_2^2 - x_1^2\right)$$

$$V'(x_1,x_2) = \pi\cdot\left((f(x_2))^2 - (f(x_1))^2\right)$$

$$V(x) = \int_{x_1}^{x_2} A(f(x))\,dx = \pi\cdot\int_{x_1}^{x_2} (f(x))^2\,dx$$

Ein klassisches Beispiel ist das als *Gabriels Horn* oder *Torricellis Trompete* bekannte Gebilde. Es wurde von dem italienischen Gelehrten *Evangelista Torricelli* (*1608, †1647) beschrieben und soll an das Horn des Erzengels Gabriel erinnern, der damit das Jüngste Gericht ankündigte. Die Abbildung zeigt die Herleitung, die dem eben gezeigten Beispiel entspricht (Abb. 13.4). Genauere Untersuchung offenbart das Horn als Paradox: Zwar ist der Rauminhalt von Mündung bis ins Unendliche rechnerisch als endlich nachzuweisen (was aus den bisherigen Bemerkungen über Grenzwerte auch schlüssig erscheint); die Oberfläche aber ist unendlich.

Flüssigkeiten sind gute Beispiele, um die verschiedensten Gesetzmäßigkeiten zu erkunden. Sie bilden Tropfen; diese haben eine Oberfläche (D_2) und einen Rauminhalt (D_3). Die Abbildung zeigt das Zerstäuben eines Tropfens und die damit verbundenen Besonderheiten von *Skalierungen* (lat. *scalae*, Leiter, Treppen). Wird ein Tropfen zerstäubt, also aufgeteilt in viele kleine Tropfen, ändern sich die Zahl der Tropfen und Tröpfchen (hier von 1 über 10 auf 100), der Inhalt der Tröpfchen und die Oberfläche (Abb. 13.5). Wenn sich die Teilchenzahl nicht ändert (etwa durch Verdunsten), müssen die Rauminhalte sich wie die Massen verhalten (bekanntlich sind sie über die Dichte miteinander verbunden); sie summieren sich zum ursprünglichen Tropfen. Mit den Oberfläche verhält es sich etwas anders: Zwar wächst auch sie immer weiter mit der Tröpfchenzahl, aber dieses Wachstum wird schwächer. Das hat eine Bedeutung für Anwendungen. Geht es etwa um die Beschichtung von Bauteilen mit Lack, be-

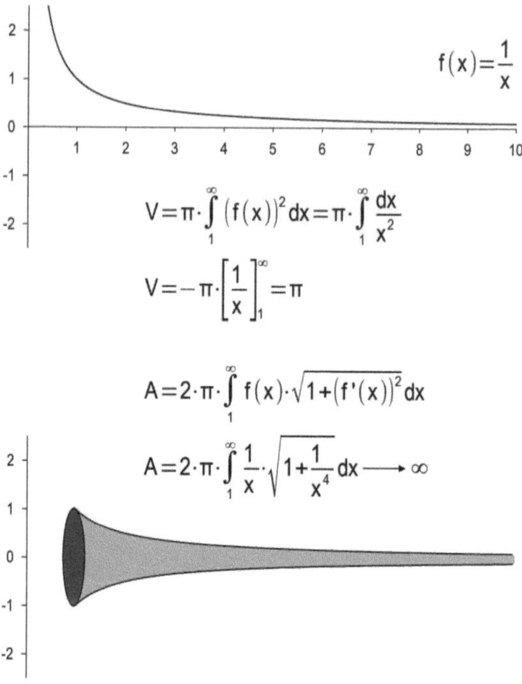

Abb. 13.4 Gabriels Horn/ Torricelli Trompete. (Kraus, 2024)

deutet immer feinere Zerstäubung nicht zwingend immer bessere Beschichtung; abgesehen davon sind Grenzen schon durch die Oberflächenspannung und Fließzähigkeit des Lacks gesetzt. Da Oberfläche und Inhalt der Tropfen unterschiedliche *Dimensionalität* haben, gibt es zwischen den beiden Größen keine *Linearität/ Proportionalität* (lat. *linea*, Linie, *proportio*, Verhältnis). Bei Aufspaltung eines großen Tropfens in tausend kleine Tröpfchen verzehnfacht sich die gesamte Oberfläche „nur".

Von den Flüssigkeiten ist es nicht weit zu den Verteilungsgleichgewichten. Stoffe zeigen, bedingt durch die Art ihrer Teilchen und der Bindungsverhältnisse in und zwischen ihnen, unterschiedliches Verhalten in Lösungsmitteln: Sie lösen sich in den einen besser, in den anderen schlechter. Darauf beruht ein Trennungsverfahren, nämlich das „Ausschütteln" eines Stoffes – der in dem einen Lösungsmittel enthalten ist, durch ein anderes, in dem er sich besser löst (Abb. 13.6). Beide Lösungsmittel dürfen nicht miteinander mischbar sein. Die erste Lösung mit dem Stoff wird vermengt (also geschüttelt) mit dem neuen Lösungsmittel (in der Abbildung oben). Der Stoff geht zum Teil in dieses über; auch hier handelt es sich um einen Gleichgewichtsvorgang. Nun wird die neue Lösung abgegossen. Der Vorgang ist zu wiederholen, die überstehenden Lösungen sind jeweils abzugießen und zu sammeln. Der gesuchte Stoff wird dabei mit jedem Vorgang in der ursprünglichen Lösung abgereichert (Grenzwert Null, zumindest rechnerisch), in der neuen Lösung angereichert. Er kann dann durch Verdampfen des neuen Lösungsmitteln gewonnen werden.

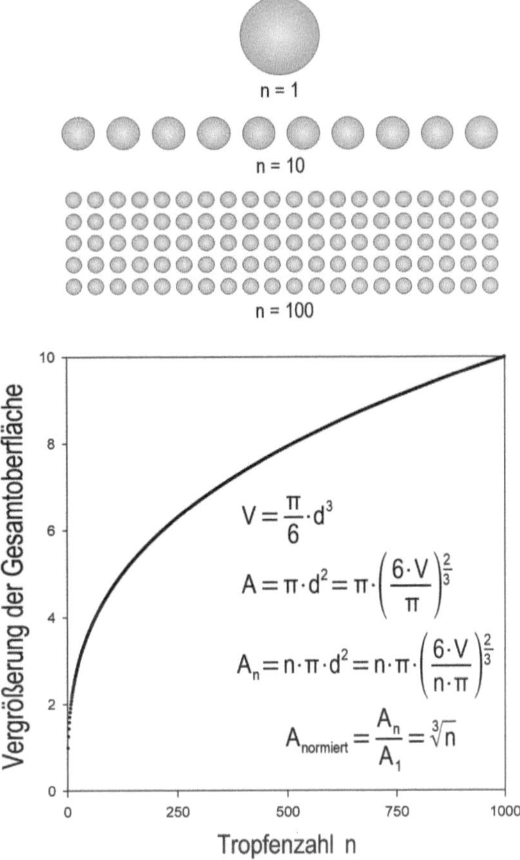

$$V = \frac{\pi}{6} \cdot d^3$$

$$A = \pi \cdot d^2 = \pi \cdot \left(\frac{6 \cdot V}{\pi}\right)^{\frac{2}{3}}$$

$$A_n = n \cdot \pi \cdot d^2 = n \cdot \pi \cdot \left(\frac{6 \cdot V}{n \cdot \pi}\right)^{\frac{2}{3}}$$

$$A_{normiert} = \frac{A_n}{A_1} = \sqrt[3]{n}$$

Abb. 13.5 Tropfenzahl und Tropfengröße. (Kraus, 2024)

Verteilungen lassen sich auch mittels Zahlenfolgen darstellen. Im nächsten Beispiel sickern Teilchen von einem Ursprung (einer inneren Zone) nach außen (Abb. 13.7); dabei sollen sie einem „$1/r^2$"-Gesetz folgen. Solche Zusammenhänge sind wohlbekannt: Die Anziehung zweier Massen (*Newton*) oder die zweier Ladungen (*Coulomb*) schwindet mit dem Quadrat des Abstandes. Im vorliegenden Modell sickert zunächst ein Viertel der im Ursprung vorhandene Teilchen in die nächste Zone, in die darauffolgende dann ein Neuntel und so weiter. Es ergibt sich eine Verteilung nach einer Summenfolge, als deren Grenzwert *Leonhard Euler* einst den eigenartigen Wert $\pi^2/6$ nachwies (die aufwendige Herleitung ist noch eigenartiger). Würde die Verteilung bis ins Unendliche getrieben, verbliebe immer noch eine Mehrheit im Ursprung. Solche Modelle können zur Beschreibung von Sickervorgängen genutzt werden (Durchdringung von festen Baustoffen durch Wasser) oder auch zur Modellierung öffentlicher Räume (Bewegung der Verkehrsströme). Bei der Verteilung in einer Ebene ist die Verdünnung der ursprünglichen Menge geringer als bei Verteilungen in alle drei Raumrichtungen (Abb. 13.8); im Räumlichen haben Teilchen mehr Freiheitsgrade als im Flächigen (bei jeweils gleichem Durchmesser).

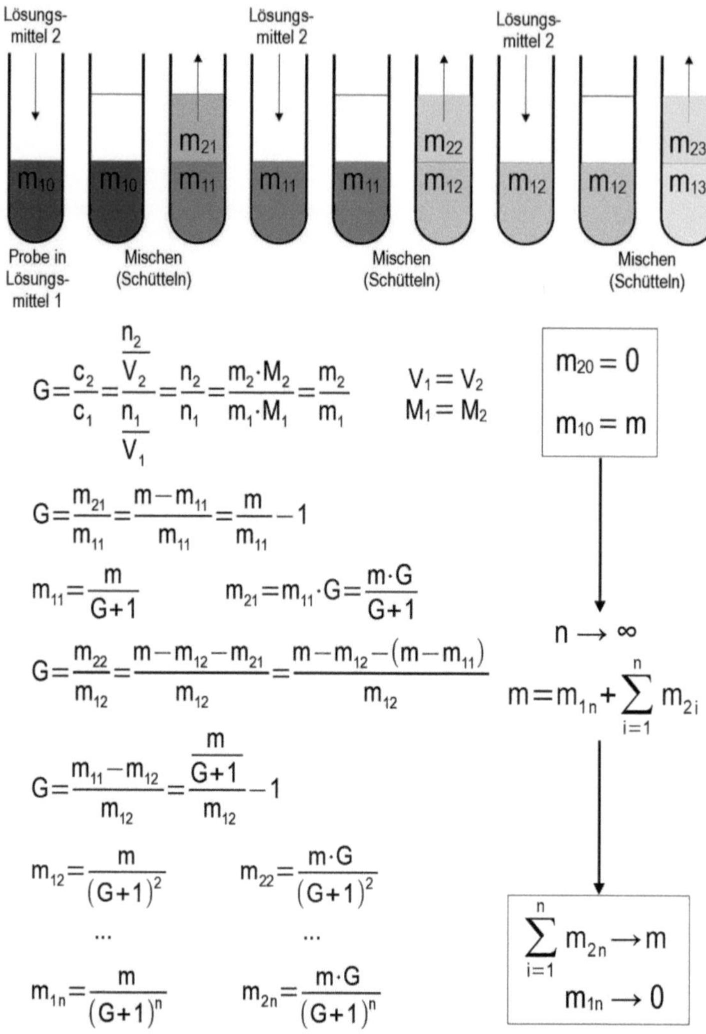

Abb. 13.6 Verteilungsgleichgewicht (Kraus, 2024)

Abb. 13.7 Verteilung
nach einem „1/r2"-Gesetz.
(Kraus, 2024)

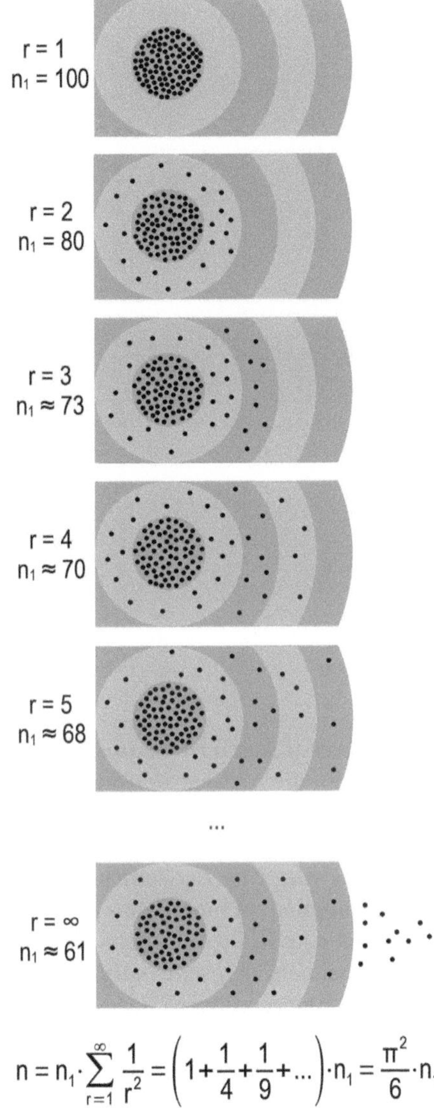

$$n = n_1 \cdot \sum_{r=1}^{\infty} \frac{1}{r^2} = \left(1 + \frac{1}{4} + \frac{1}{9} + \ldots\right) \cdot n_1 = \frac{\pi^2}{6} \cdot n_1$$

Abb. 13.8 Verteilung in
der Ebene und im Raum

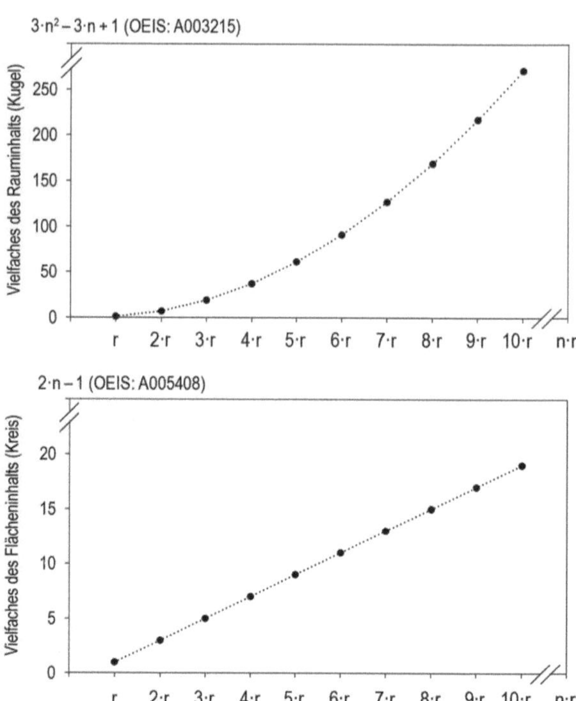

Selbstverständlich ist hier auch die Beschreibung von Bewegungen zu erwähnen
(Abb. 13.9); die Anfänge der *Analysis*, nicht nur in den Arbeiten von *Isaac Newton*,
waren Ortsveränderungen gewidmet. Die Abbildung zeigt – übrigens ausgehend
von der Gleichung $f(t) = 0{,}0055 \cdot t^3 - 0{,}375 \cdot t^2 + 9{,}5 \cdot t + 50$ (mit t in s) – die übliche
Herleitung vom Weg, der zurückgelegten Strecke, über die Geschwindigkeit und die
Beschleunigung zu einer vierten Größe, der Änderung der Beschleunigung. Letztere spielt eine Rolle etwa beim Beschreiben das Fahr- oder Flugverhaltens insbesondere bei hohen Geschwindigkeiten und Beschleunigungen. Es geht hier wohlgemerkt um eine geradlinige Bewegung; ansonsten müssten die Anteile der Bewegung
in den Raumrichtungen herausgerechnet werden.

Ein moderner Klassiker ist Koch-Kurve, vor gut 100 Jahren vorgestellt von dem
schwedischen Mathematiker *Helge von Koch* (*1870, †1924). Sie wird meist als
Umfang eines typischen, schneeflockenartigen Flächengebildes dargestellt
(Abb. 13.10). Die Seiten (s) eines gleichseitigen Dreiecks werden gedrittelt; jedes
mittlere Drittel wird durch eine neue „Ecke" ersetzt. Ein sechszackiger Stern entsteht; dessen zwölf Seiten – deren Länge jeweils ein Drittel der ursprünglichen
Dreiecksseiten beträgt – werden ebenso behandelt und so weiter. Der Umfang (u)
wächst mit jeder weiteren Ergänzung; nach unendlich vielen Umwandlungen ändert
die Linie in jedem Punkt ihre Richtung. Jeder Punkt ist dann eine Ecke. Dabei ist
die Kurve durchaus stetig, kann also (zumindest gedanklich) gezeichnet werden,
ohne den Stift abzusetzen. Der Umfang erweist sich als unendlich, die Fläche jedoch als endlich – und das erinnert an *Gabriels Horn/Torricellis Trompete*.

Abb. 13.9 Beschreibung einer Bewegung

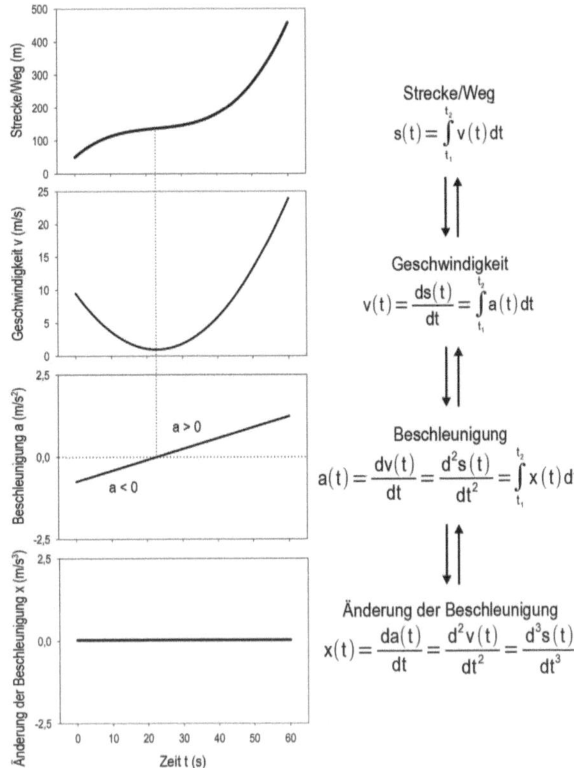

Um Grenzwerte geht es auch bei der *Inversion* (lat. *inversio*, Umkehrung), oft vereinfachend als Spiegelung an Kreis oder Kugel bezeichnet (Abb. 13.11). Sie ermöglicht, aus einem Inneren (*Endosphäre*) in ein Äußeres (*Exosphäre*) abzubilden oder umgekehrt; dabei wird das Abzubildende verformt. Ein Punkt befindet sich im Inneren eines Einheitskreises ($r = 1$); sein Abstand zum Mittelpunkt (n) wird als Kehrwert ($1/n$) zum Abstand seines Bildpunktes zum Mittelpunkt. Das bedeutet, dass umfangsnahe Punkte im Inneren sich in umfangsnahe Punkte im Äußeren übertragen – und dass mittelpunktsnahe Punkte im Inneren ihre Bildpunkte im Äußeren ins Unendliche verschwinden lassen … Das Ganze ist ein gutes Modell für Felder.

Das letzte Beispiel ist noch einmal Zahlenfolgen gewidmet. Die nach dem belgischen Mathematiker *Pierre-Francois Verhulst* (*1804, †1849) benannte Gleichung $x_{n+1} = k \cdot x_n \cdot (1 - x_n)$ beruht auf Rückbezüglichkeit (*Iteration/Rekursion*), wie sie bei der Einführung der Zahlenfolgen erklärt wurde. Sie diente ursprünglich als *Logistisches Modell* einer *Populationsdynamik* (Jetschke, 1989; Leven et al., 1989; Peitgen et al., 1998a, b). Heute ist sie ein gutes Beispiel für die Beschreibung von Vorgängen und Zuständen, die stark abhängig sind von den gewählten Ausgangsbedingungen. Sie zeigt, wie Gleichgewichtszustände innerhalb von Gültigkeitsbereichen entstehen und beim Erreichen bestimmter Schwellenwerte zusammenbrechen. Dies kann auf belebte und nicht-belebte Teile der Welt angewendet werden (Sandefur, 1990; Casti,

Abb. 13.10　Koch-Kurve. (Kraus, 2024)

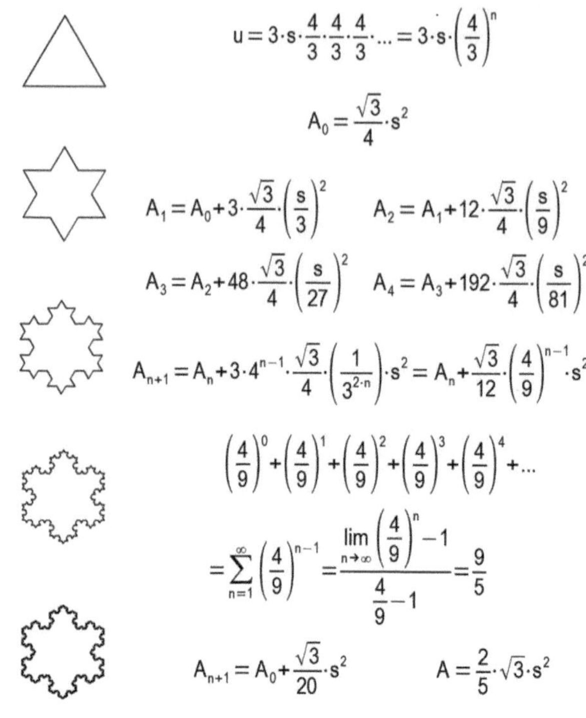

$$u = 3 \cdot s \cdot \frac{4}{3} \cdot \frac{4}{3} \cdot \frac{4}{3} \cdot \ldots = 3 \cdot s \cdot \left(\frac{4}{3}\right)^{n}$$

$$A_0 = \frac{\sqrt{3}}{4} \cdot s^2$$

$$A_1 = A_0 + 3 \cdot \frac{\sqrt{3}}{4} \cdot \left(\frac{s}{3}\right)^2 \qquad A_2 = A_1 + 12 \cdot \frac{\sqrt{3}}{4} \cdot \left(\frac{s}{9}\right)^2$$

$$A_3 = A_2 + 48 \cdot \frac{\sqrt{3}}{4} \cdot \left(\frac{s}{27}\right)^2 \qquad A_4 = A_3 + 192 \cdot \frac{\sqrt{3}}{4} \cdot \left(\frac{s}{81}\right)^2$$

$$A_{n+1} = A_n + 3 \cdot 4^{n-1} \cdot \frac{\sqrt{3}}{4} \cdot \left(\frac{1}{3^{2 \cdot n}}\right) \cdot s^2 = A_n + \frac{\sqrt{3}}{12} \cdot \left(\frac{4}{9}\right)^{n-1} \cdot s^2$$

$$\left(\frac{4}{9}\right)^0 + \left(\frac{4}{9}\right)^1 + \left(\frac{4}{9}\right)^2 + \left(\frac{4}{9}\right)^3 + \left(\frac{4}{9}\right)^4 + \ldots$$

$$= \sum_{n=1}^{\infty} \left(\frac{4}{9}\right)^{n-1} = \frac{\lim\limits_{n \to \infty} \left(\frac{4}{9}\right)^n - 1}{\frac{4}{9} - 1} = \frac{9}{5}$$

$$A_{n+1} = A_0 + \frac{\sqrt{3}}{20} \cdot s^2 \qquad\qquad A = \frac{2}{5} \cdot \sqrt{3} \cdot s^2$$

Abb. 13.11　Prinzip der Inversion. (Kraus, 2024)

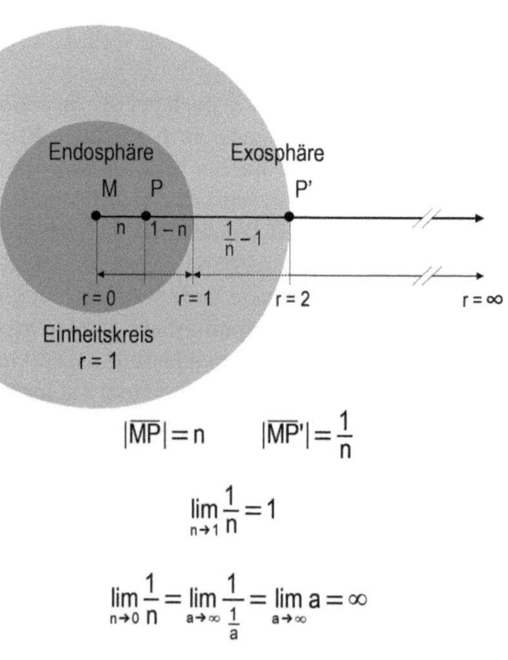

$$|\overline{MP}| = n \qquad\qquad |\overline{MP'}| = \frac{1}{n}$$

$$\lim_{n \to 1} \frac{1}{n} = 1$$

$$\lim_{n \to 0} \frac{1}{n} = \lim_{a \to \infty} \frac{1}{\frac{1}{a}} = \lim_{a \to \infty} a = \infty$$

2000; Bronstein et al., 2006; de Vries et al., 2006). Einst unter dem reißerischen wie irrenführenden Begriff *Chaostheorie* vermarktet, hat sich das betreffende Fachgebiet über vier Jahrzehnte etabliert – Stichworte sind *Komplexität, Systemdynamik* oder *Skalierungseffekte* (Haken, 1981; Serra & Zanarini, 1990; Arrowsmith & Place, 1992; Nonnenmacher et al., 1993; Tirapegui & Zeller, 1993; Anishchenko et al., 2003; Schimansky-Geier et al., 2007). Im Beispiel wurden ein Ausgangswert ($x_0 = 0{,}5$) gesetzt und der Koeffizient/Parameter (k) in regelmäßigen Abständen verändert (Abb. 13.12). Dabei zeigt sich anschaulich, das zuerst (k = 0,5; 1) nicht viel geschieht; dann gelingt

Abb. 13.12 Logistisches Modell (Teil 1)

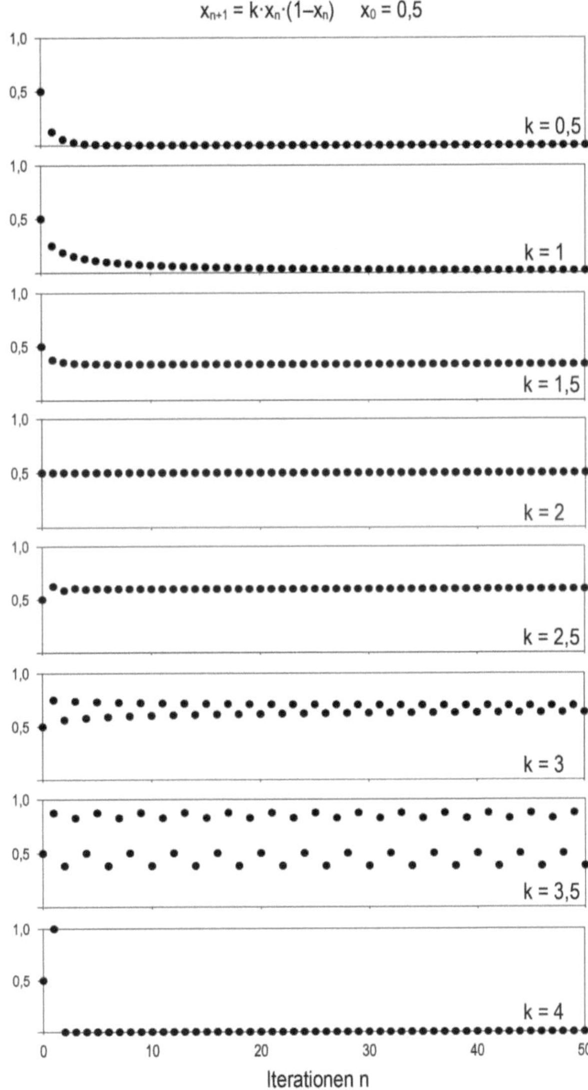

es, einen von der Null verschiedenen Grenzwert zu erreichen (k = 1,5; 2; 2,5). Bei höheren Werten zeigt sich eine Aufspaltung in zwei Geschehensstränge derart, dass die Folgeglieder im Wechsel „springen". Mit diesem einfachen Modell kann nicht gezeigt werden, dass oberhalb weiterer Schwellenwerte neue Aufspaltungen geschehen, wiederum in jeweils zwei Stränge; hierüber ist jedoch viel veröffentlicht worden. Das Überwinden einen letzten Schwellenwerts lässt diese Entwicklung enden; die Null wird wie zu Beginn wieder Grenzwert. Zwecks besserer Auflösung wurden weitere Werte untersucht (Abb. 13.13). Zunächst bleiben die Verhältnisse zweiwertig stabil (k = 3,1; 3,2; 3,3; 3,4); bei höheren Werten (k = 3,6; 3,7; 3,8; 3,9) ergeben sich Muster, die teils wachsende Streuung zeigen, aber auch offenkundig regelmäßige, geordnete Bereiche.

Abb. 13.13 Logistisches Modell (Teil 2)

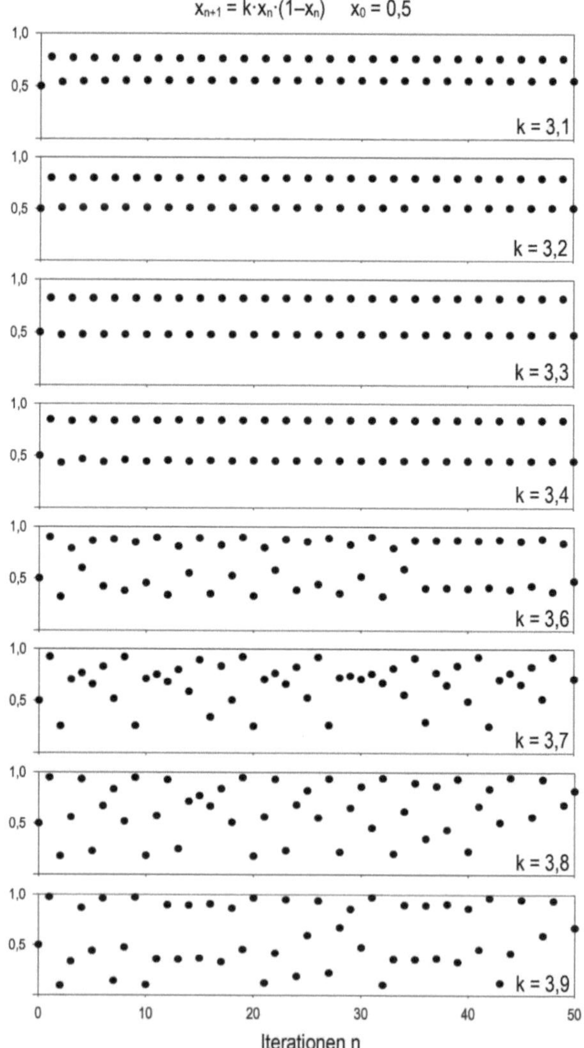

Gleichungen wie die für Längen, Flächen oder Rauminhalte beziehen sich auf Zustände ohne Veränderung (*Statik*, griech. *statike techne*, Kunst des Gleichgewichts). Die Ausführungen in diesem Buch beziehen sich jedoch auch auf Abläufe, Vorgänge, auf die Möglichkeit, Veränderungen von Größen zu berechnen (*Dynamik*, griech. *dynamike techne*, Kunst der Kräfte). Einerseits können mit Zahlenfolgen der Art $x_{n+1} = f(x_n)$ rückbezüglich neue Größen aus vorherigen gewonnen werden; wird dabei jede Einsetzung als eine Zeiteinheit verstanden, ist zeitabhängige Berechnung möglich. Ansätze der Differenziation und Integration gehen darüber hinaus, ergänzen aber auch den vorgenannten Ansatz. Beides sind wirksame Mittel, um in verschiedensten Fachgebieten Erkenntnisse zu gewinnen.

Literatur

Anishchenko, V. S., et al. (2003). *Nonlinear dynamic of chaotic and stochastic systems*. Springer.

Arrowsmith, D. K., & Place, C. M. (1992). *Dynamical systems*. Chapman & Hall.

Bronstein, I. N., et al. (2006). *Taschenbuch der Mathematik*. Verlag Harri Deutsch.

Casti, J. L. (2000). *Five more golden rules*. John Wiley & Sons.

Jetschke, G. (1989). *Mathematik der Selbstorganisation*. Deutscher Verlag der Wissenschaften/ Friedrich Vieweg & Sohn.

Haken, H. (Hrsg.). (1981). *Chaos and Order in Nature*. Springer.

Kraus, M. H. (2024). *Diesseits und Jenseits. Mathematik und Phänomenologie der Grenzen*. Springer.

Leven, R. W., et al. (1989). *Chaos in dissipativen Systemen*. Akademie Verlag/Friedrich Vieweg & Sohn.

Nonnenmacher, T. F., et al. (Hrsg.). (1993). *Fractals in Biology and Medicine*. Birkhäuser.

Peitgen, H.-O., et al. (1998a). *Bausteine des Chaos*. Fraktale.

Peitgen, H.-O., et al. (1998b). *Chaos*. Bausteine der Ordnung.

Sandefur, J. T. (1990). *Discrete dynamical systems*. Clarendon/Oxford University Press.

Schimansky-Geier, L., et al. (Hrsg.). (2007). *Analysis and control of complex nonlinear processes*. World Scientific.

Serra, R., & Zanarini, G. (1990). *Complex systems and cognitive process*. Springer.

Tirapegui, E., & Zeller, W. (Hrsg.). (1993). *Instabilities and nonequilibrium structures IV*. Kluwer Avcademic Publishers.

de Vries, G., et al. (2006). *A course in mathematical biology*. SIAM.

Analysis in Binärcodierung 14

Zusammenfassung

Mit einem Ansatz aus der Kombinatorik werden Funktionen untersucht und geordnet.

Reift ein Fachgebiet, wächst der Bedarf nach Ordnung des angehäuften Wissens. Gegen Ende des 19. Jahrhunderts wurde eine solche geschaffen für die rechnerische Beschreibung von Raumgebilden (D_3) – unter dem etwas irreführenden Begriff *Quadrik* (lat. für vier). Aus der Grundgleichung

$$a_{200} \cdot x^2 + a_{020} \cdot y^2 + a_{002} \cdot z^2 + a_{110} \cdot x \cdot y + a_{011} \cdot y \cdot z + a_{101} \cdot x \cdot z + a_{100} \cdot x + a_{010} \cdot y + a_{001} \cdot z + a_{000} = 0$$

entstehen durch geeignete Wahl der Koeffizienten a_{ijk} die sogenannten kanonischen Gleichungen für verschiedene gekrümmte Flächen und bestimmte Körper einschließlich der überaus wohlgeformten *Ellipsoide, Hyperbolide, Paraboloide* (Snyder & Sisam, 2007/1914; Wygodski, 1973; Gottwald et al., 1995). Die folgende Herleitung beschränkt sich auf die Ebene (D_2) und nutzt somit die einfachere Grundgleichung

$$a_{20} \cdot x^2 + a_{02} \cdot y^2 + a_{11} \cdot x \cdot y + a_{10} \cdot x + a_{01} \cdot y + a_{00} = 0.$$

In der *Kombinatorik* geht es um Ordnungen und Sortierungen, Auswahlen und Verteilungen (Kraus, 2023). Diese beziehen sich im Allgemeinen auf endliche, umgrenzte Mengen von Dingen, Gebilden oder Begriffen. Die verwendeten Rechenverfahren liefern vollständige Listen von Möglichkeiten; so lassen sich Ordnungen erzeugen. Im gewählten Beispiel ermöglicht die simple Unterscheidung „Null" oder „Nicht-Null" für alle a_{ij}, einen *Binärcode* zu schaffen (Abb. 14.1). Aus sechs

M. H. Kraus, S. Wagner, *Kompaktkurs Analysis*,
https://doi.org/10.1007/978-3-662-72383-8_14

Abb. 14.1 Binärcode für
Funktionen im D_2

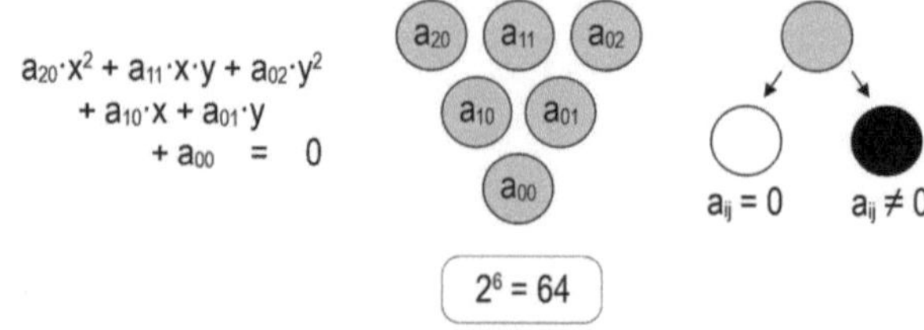

Größen mit jeweils zwei möglichen Werten scheinen sich also $2^6 = 64$ *Funktions-typen* zu ergeben (Abb. 14.2). Doch Vorsicht ist geboten (Kraus, 2021): Die Vielfalt on 64 Formen liegt zwar dem chinesischen Orakel *I Ging* ebenso wie der *Braille*-Blindenschrift zugrunde; im ersten Fall werden alle Zeichen genutzt, im zweiten nicht. Doch andere Beispiele sind trügerisch – wie sich in der *Geometrie* und der *Chemie* zeigt: Ein Würfel hat zweifellos sechs Flächen, was bei zweifarbiger Gestaltung auf 64 Würfelnetze hindeutet (Abb. 14.3). Wer diese aber ausschneidet und zusammenklebt, erhält nur zehn unterscheidbare Arten von Würfeln. Und die bekannte Verbindung *Benzol* hat zweifellos sechs Kohlenstoff-Atome, an die jeweils ein Wasserstoff-Atom gebunden ist (Abb. 14.4). Der Austausch eines Wasserstoff-Atoms durch ein Chlor-Atom (*Substitution*) liefert aber nicht sechs neue Verbindungen, sondern nur eine; insgesamt umfasst die Vielfalt der Verbindungen von *Benzol* zum *Hexachlorbenzol* eben nur zwölf. Kombinatorik ist hilfreich, aber sie erspart nicht das Prüfen.

Wird der Ansatz auf ebene Kurven angewendet, zeigt die Prüfung der einfachsten Beispiele bereits etliche Mehrfachbelegungen (Abb. 14.5); zudem sind die Fälle 63 und 64 widersprüchlich. Die Gleichungen wurden in die übliche Form y = f(x) gebracht. Um die Darstellungen vergleichbar mit üblichen Herleitungen in Lehrwerken zu machen, wurde zudem umgerechnet; im Fall 57 entsteht beispielsweise aus $a_{11} \cdot x \cdot y + a_{00} = 0$ durch Umformen $y = f(x) = -\, a_{11}/a_{00} \cdot 1/x = k/x$ mit einer *Hyperbel* als Kurve. Die Vielfalt der Kurven wächst zunächst, sind wenigstens drei Werte a_{ij} von Null verschieden (Abb. 14.6). Mit der Zahl der Werte a_{ij} wächst dann allerdings wieder die Zahl der Mehrfachbelegungen (Abb. 14.7).

Im Vergleich der Symbole der Binärcodes, der Kurven und der zugehörigen Gleichungen zeigen sich verschiedene Zusammenhänge (Abb. 14.8); in diesem Beispiel lässt sich die Zerlegung des Summenterms gut nachvollziehen. Der Binärcode liefert reichlich Stoff für *Kurvendiskussionen*; Bruchterme etwa deuten auf Polstellen. Die Rolle der Koeffizienten lässt sich spielerisch ergründen, und damit die verschiedenen Kurvenformen (Abb. 14.9). In den beiden hier ausgewählten Fällen haben die Kurven *Asymptoten*, also Geraden, an die sich die Kurven beiderseits auf dem Weg ins Unendliche annähern. Die Berechnung ge-

Abb. 14.2 Umfang des
Binärcodes

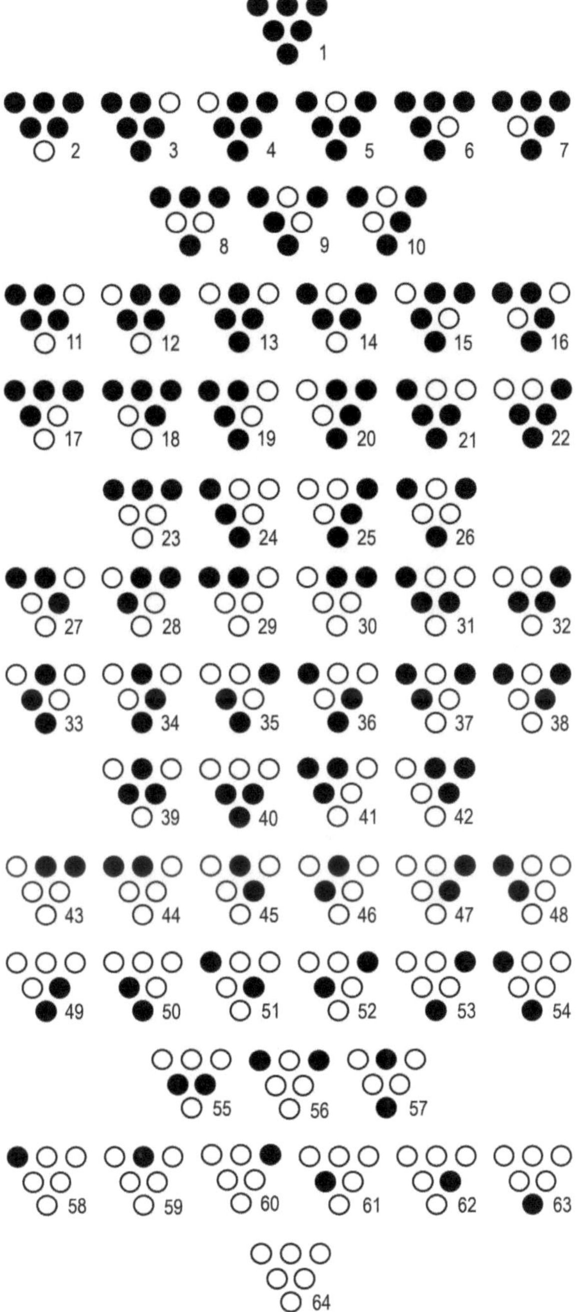

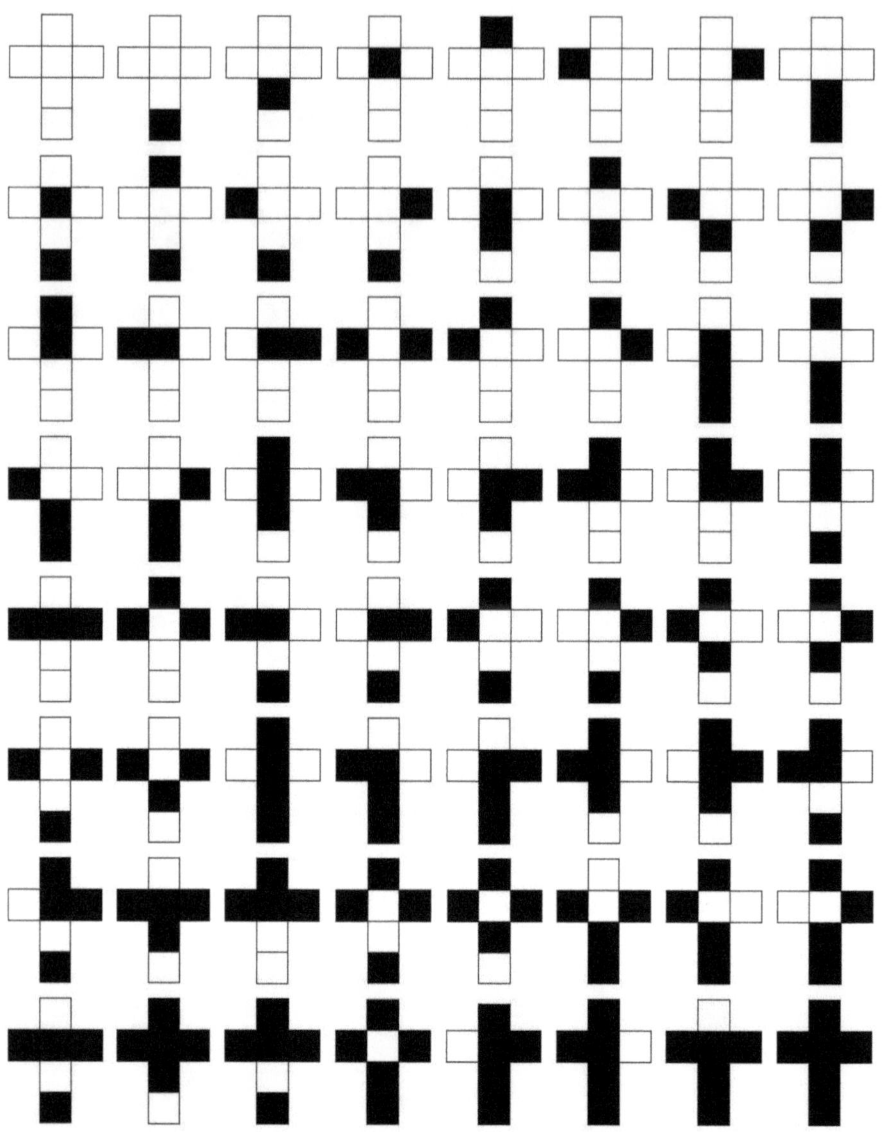

Abb. 14.3 64 Würfelnetze ergeben nur 10 verschiedene Würfel (Kraus, 2023)

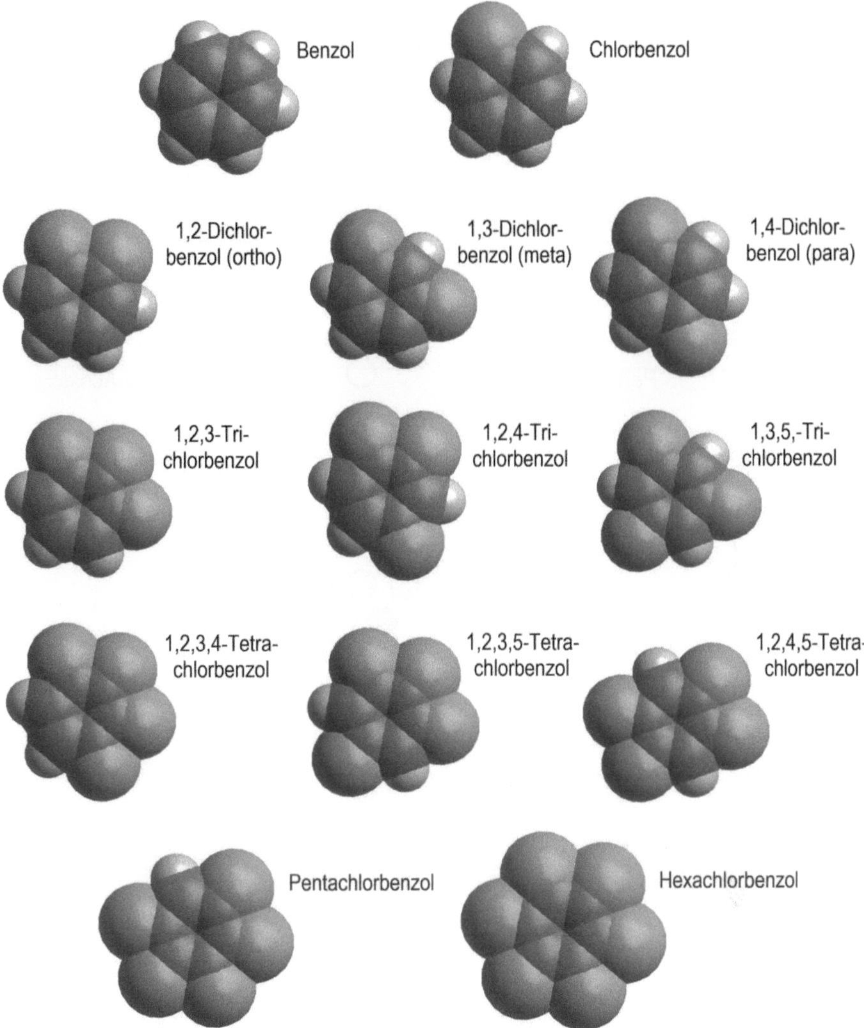

Abb. 14.4 Benzol ist auch kein geeignetes Beispiel (Kraus, 2023)

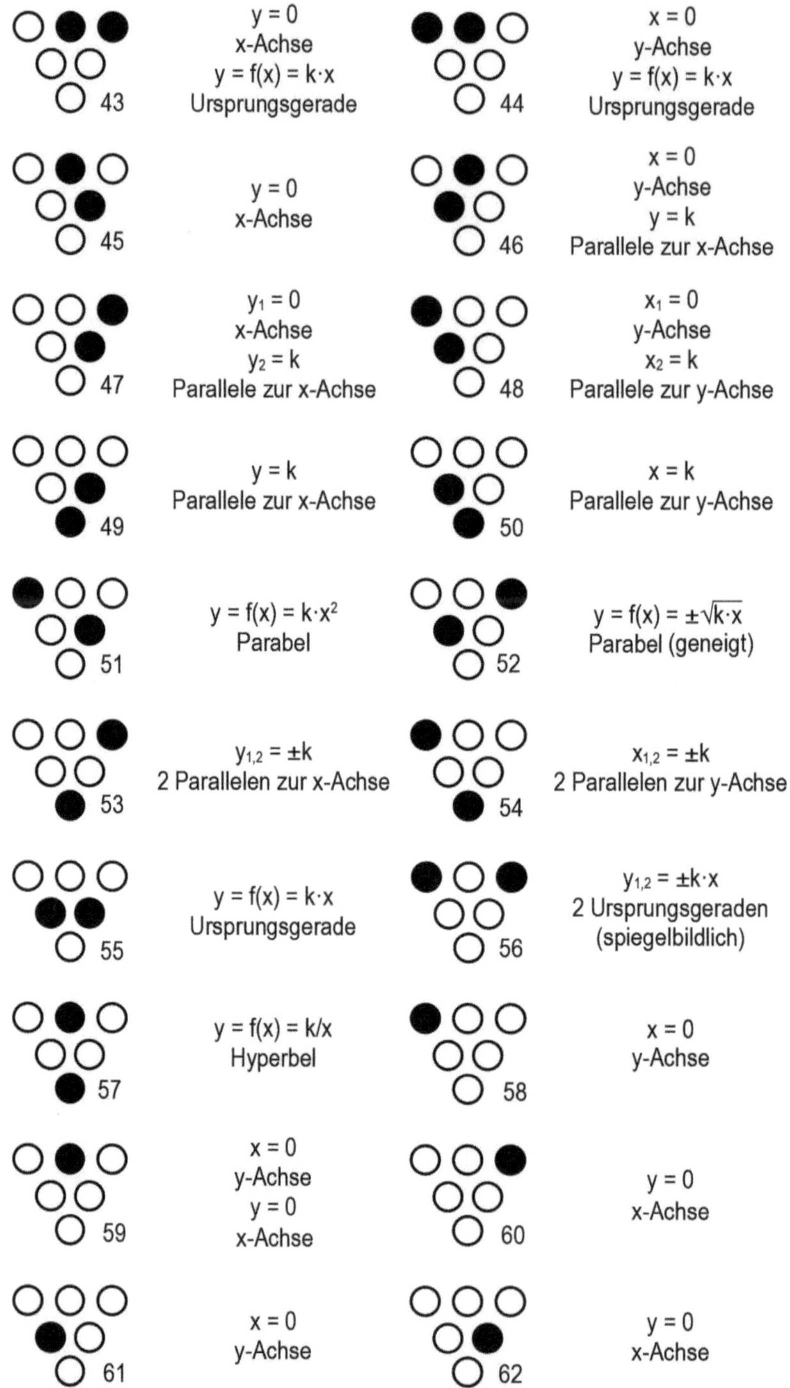

Abb. 14.5 Fälle 43–62 des Binärcodes (63, 64 sind belanglos)

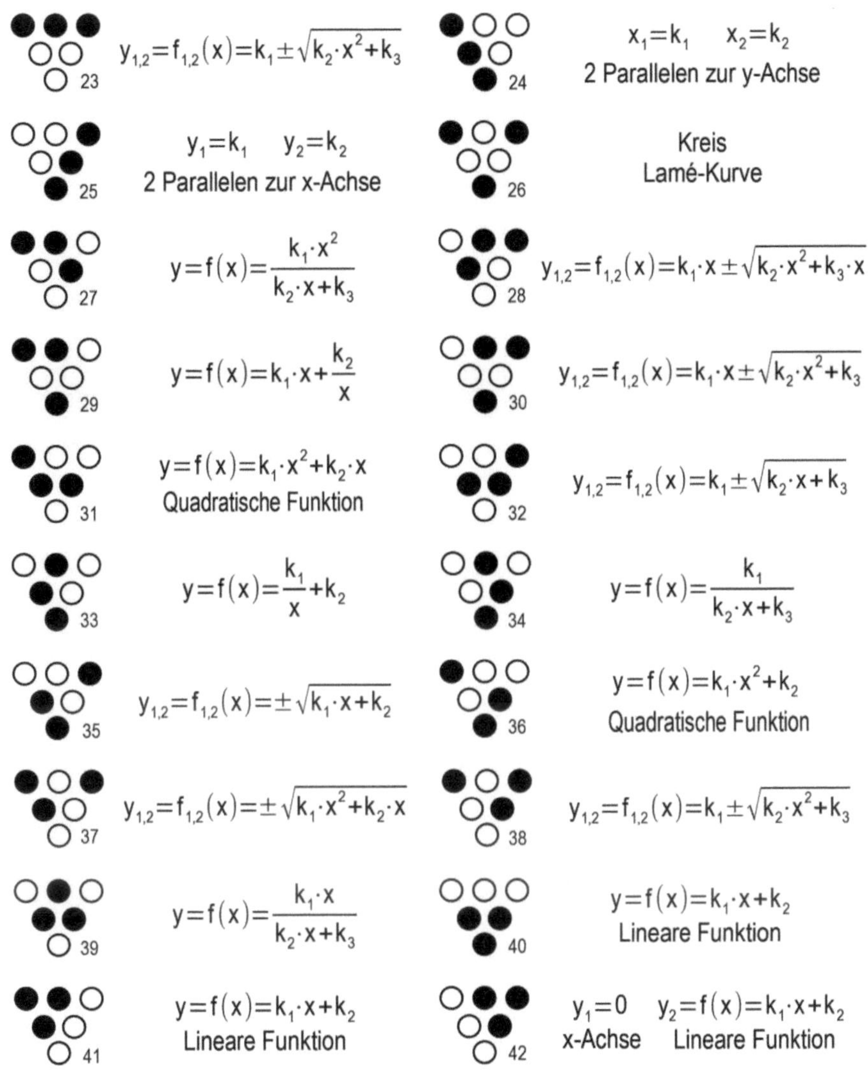

Abb. 14.6 Fälle 23–42 des Binärcodes

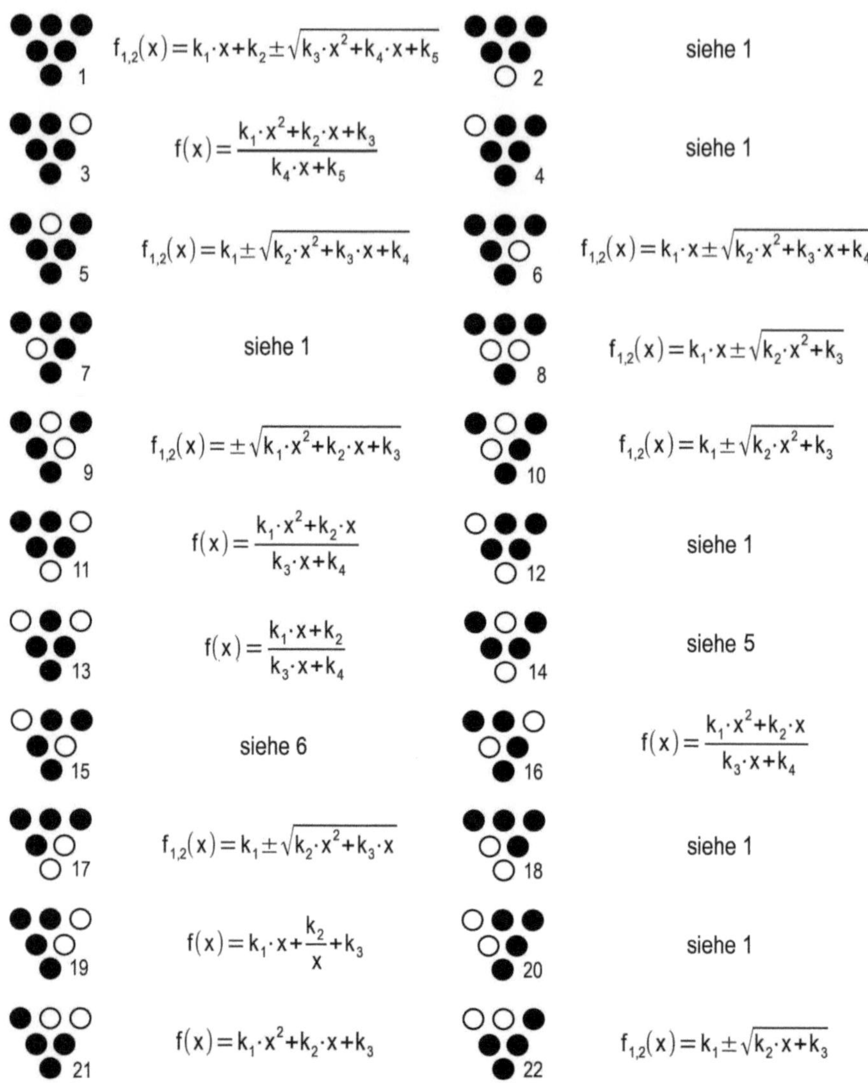

Abb. 14.7 Fälle 1–22 des Binärcodes

Abb. 14.8 Zerlegung eines Summenterms in Gleichung und Bild

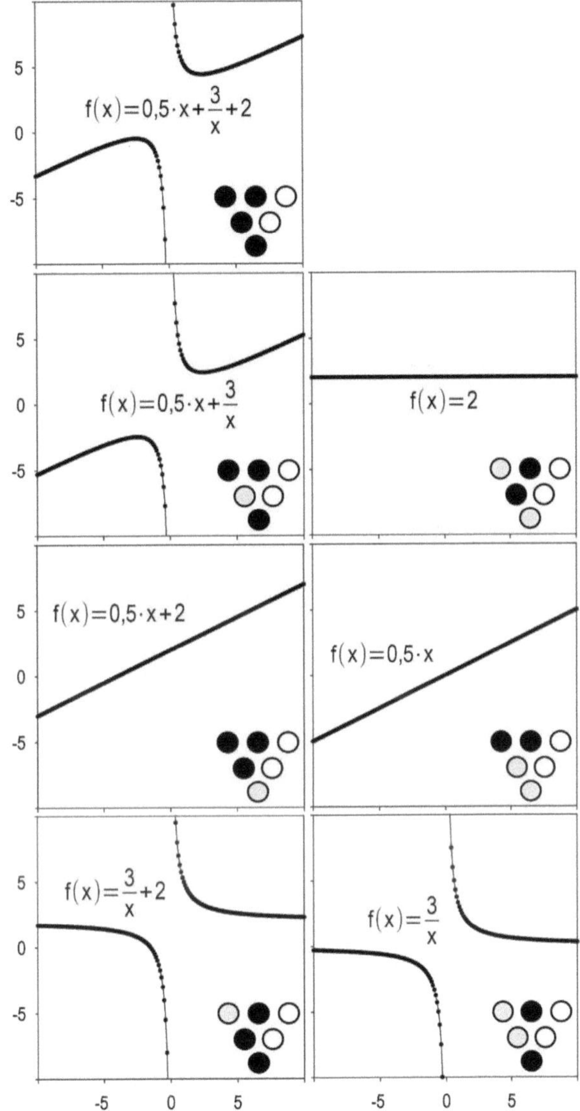

Abb. 14.9 Vergleich zweier Kurven mit Polstellen und Asymptoten

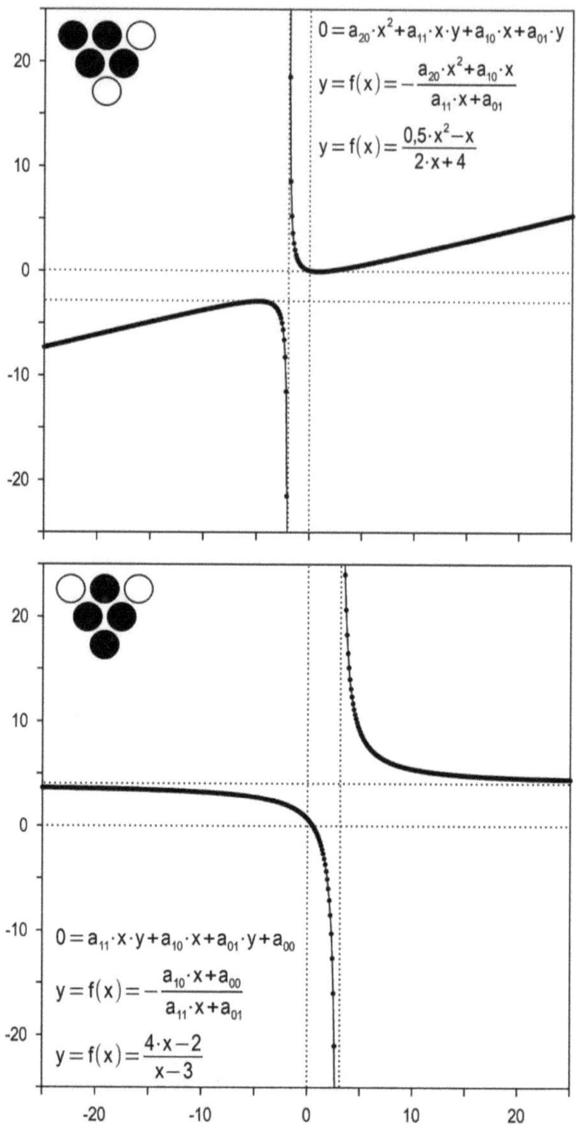

Abb. 14.10 Berechnung einer Asymptote

Kurve der Funktion $f(x)$ $a(x) = m \cdot x + n$ Asymptote

$$\lim_{x \to \pm\infty} \left(f(x) - a(x) \right) = \lim_{x \to \pm\infty} \left(f(x) - m \cdot x - n \right) = 0$$

$$1. \quad \lim_{x \to \pm\infty} \frac{f(x)}{x} = m \qquad 2. \quad \lim_{x \to \pm\infty} \left(f(x) - m \cdot x \right) = n$$

$$f(x) = \frac{0{,}5 \cdot x^2 - x}{2 \cdot x + 4}$$

$$1. \quad \lim_{x \to \pm\infty} \frac{1}{x} \cdot \frac{0{,}5 \cdot x^2 - x}{2 \cdot x + 4} = \lim_{x \to \pm\infty} \frac{0{,}5 \cdot x^2 - x}{2 \cdot x^2 + 4 \cdot x} = \lim_{x \to \pm\infty} \frac{0{,}5 - \dfrac{1}{x}}{2 + \dfrac{4}{x}} = \frac{1}{4}$$

$$2. \quad \lim_{x \to \pm\infty} \left(\frac{0{,}5 \cdot x^2 - x}{2 \cdot x + 4} - \frac{x}{4} \right) = \lim_{x \to \pm\infty} \left(\frac{0{,}5 \cdot x^2 - x}{2 \cdot x + 4} - \frac{x \cdot (0{,}5 \cdot x + 1)}{4 \cdot (0{,}5 \cdot x + 1)} \right)$$

$$= \lim_{x \to \pm\infty} \frac{0{,}5 \cdot x^2 - x - 0{,}5 \cdot x^2 - x}{2 \cdot x + 4} = \lim_{x \to \pm\infty} \frac{-2 \cdot x}{2 \cdot x + 4} = \lim_{x \to \pm\infty} \frac{-2}{2 + \dfrac{4}{x}} = -1$$

$$a(x) = 0{,}25 \cdot x - 1$$

lingt über Grenzwertbetrachtungen (Abb. 14.10). Und letztlich lässt sich durch das Ausreizen des *Binärcodes* der Übergang vom D_2 in den D_3 angehen, insbesondere anhand der schon in der Antike untersuchten Kegelschnitte (Abb. 14.11). Der Wurzelterm schafft eine Unterscheidung zwischen dem Inneren und dem Äußeren von Kurven; das Hinzufügen der Höhe als dritter Raumrichtung führt zu den anfangs erwähnten kanonischen Gleichungen und den durch sie beschriebenen Flächengebilden.

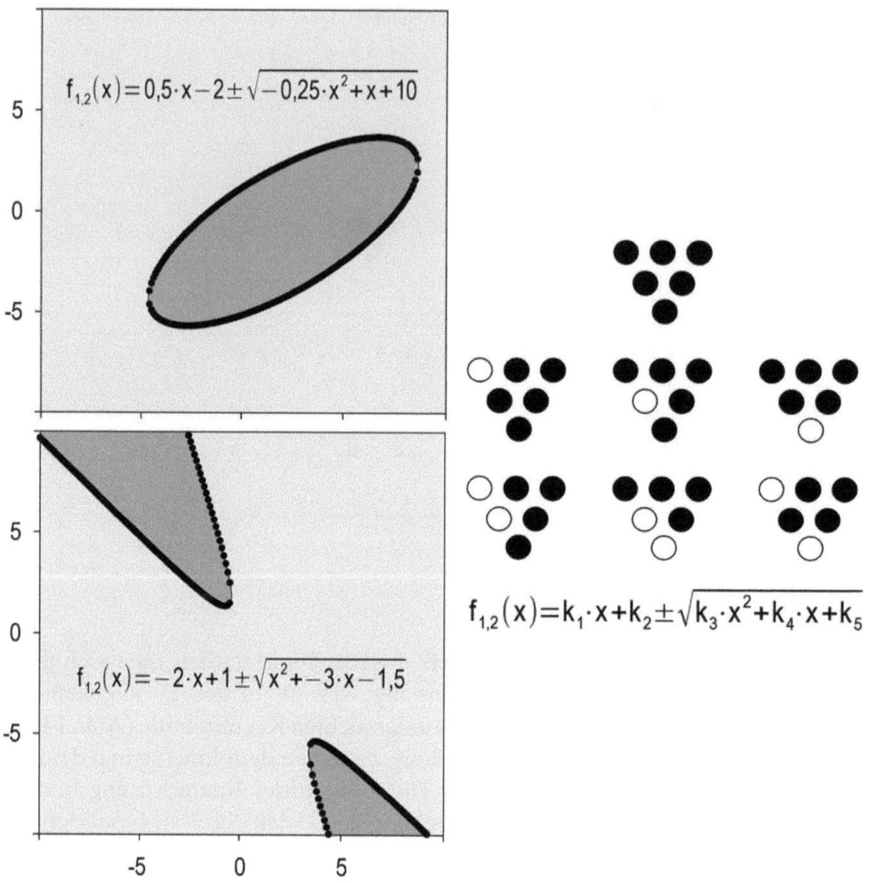

Abb. 14.11 Inneres und Äußeres von Kurven an zwei Beispielen

Literatur

Gottwald, S., et al. (Hrsg.). (1995). *Meyers Kleine Enzyklopädie Mathematik*. Meyers Lexikon-Verlag.
Kraus, M. H. (2021). *Eins, zwei, viele.Eine Kulturgeschichte des Zählens*. Springer.
Kraus, M. H. (2023). *Kompaktkurs Kombinatorik. Gezählt, verteilt und wohlgeordnet*. Springer.
Snyder, V., & Sisam, C. H. (2007/1914). *Analytic Geometry of Space*. Merchant Books.
Wygodski, M. J. (1973). *Höhere Mathematik griffbereit*. Friedrich Vieweg + Sohn.

Nachwort

Wer das Kleine nicht ehrt, ist das Große nicht wert.
Achte Kleines, dann wirst du mit Großem belohnt.
Auch lange Reisen beginnen mit dem ersten Schritt.
Ganz sacht wird Kleines groß, ganz plötzlich Großes klein.
Kleinvieh macht auch Mist.

Solche alten Sprichwörter und Redensarten verweisen darauf, dass kleine Ursachen mitunter große Wirkungen hervorrufen – oder dass es nicht immer klug ist, vermeintliche Kleinigkeiten zu vernachlässigen. Dieses Buch hat hoffentlich gezeigt, dass derartige Erkenntnisse auch eine rechnerische Grundlage haben. *Analysis* ist ein Fachgebiet, das seit etwa 300 Jahren fortlaufend weiterentwickelt und immer wieder zu neuen Anwendungen verleitet. Wie in der Mathematik üblich, werden dabei alte Erkenntnisse nicht vergessen; das wäre auch gar nicht möglich, beruhen doch die neuen Erkenntnisse darauf. Ohne Wissenschaft hätte es den weltweiten Fortschritt der Moderne nicht gegeben; das gilt insbesondere für die Mathematik und hier eben die Analysis. Doch die Allgegenwart wissenschaftlicher Tätigkeit bezieht sich nur auf sichtbare, fühlbare, verwertbare Ergebnisse im Alltag; sie allein macht Wissenschaft nicht in der Öffentlichkeit bekannt oder verständlich. Insofern ist die Beschäftigung mit einzelnen Fachgebieten auch ein lohnenswertes Ringen um Weltverständnis. Die Verhältnisse sind nicht immer übersichtlich: Dass ein Sachverhalt in Zahlen und Gleichungen ausgedrückt wird, heißt nicht, dass (1.) der Sachverhalt richtig verstanden wurde, (2.) die Gleichungen die richtigen sind, (3.) die Zahlen die richtigen sind, (4.) die Ergebnisse die richtigen sind oder (5.) die Ergebnisse sinnvoll gedeutet und genutzt werden. Schon etwas als „richtig" oder „gut" zu bezeichnen, kann zu Debatten führen. Gerade alltägliche Belange führen heutzutage zu ausführlichen weltanschaulichen Erörterungen, sei es Gesundheit, Ernährung, Zuwanderung, Geschlechterrollen oder alles, was mit Einkommen und Vermögen, Wohlstand und Armut zu tun hat.

Rechenverfahren können und sollen als Entscheidungsgrundlagen dienen, sie ersetzen aber nicht die grundsätzlichen Erwägungen zu Sinn und Zweck. Wissenschaft liefert keine Wahrheiten, sondern Erkenntnisse. Die ändern sich bekanntlich: Was heute als richtig gilt, kann sich morgen als falsch erweisen. Und innerhalb wissenschaftlicher Fachgebiete gibt es hin und wieder Spannungen und Streit um

M. H. Kraus, S. Wagner, *Kompaktkurs Analysis*,
https://doi.org/10.1007/978-3-662-72383-8

Deutungen und Auslegungen. Wer also Wissenschaft nutzt, braucht keine blinde Zahlengläubigkeit, sondern eigene Denkleistung.

Analysis erscheint beispielsweise ausgiebig in Lehrbüchern der *Mikroökonomie*. Das gesamte Wirtschaftsleben scheint zahlenmäßig abbildbar zu sein (soweit es die Buchführung angeht, ist das ja sogar gesetzlich vorgeschrieben). Und doch ist es nicht möglich, beim Gründen eines Unternehmens den Geschäftserfolg aus einem Lehrbuch herzuleiten – oder auch nur eine gute Anlageform auszuwählen. Erfolg ist nicht garantiert. Nicht alles erscheint in Gleichungen. Die Welt ändert sich ständig. Es bedarf an entscheidenden Stellen einiger Lebenserfahrung und Allgemeinbildung, neben Geduld und Ausdauer. Aber das Wissen um rechnerische Zusammenhänge, um wissenschaftliche Gesetzmäßigkeit hilft bei der Einordnung von Erscheinungen im Leben. Die Analysis zu verstehen, ist dafür ein guter Ansatz. Das gilt auch für die Klimadebatte: Klimamodelle umfassen sehr viele Gleichungen, in die sehr viele Werte eingesetzt werden. Die Ansätze werden ständig verbessert. Doch können kleine Veränderungen große Wirkungen haben – nicht nur in der Natur, sondern bereits im Modell. Das ist seit etwa 60 Jahren bekannt und wurde vor etwa 40 Jahren *Chaostheorie* genannt. *Komplexität*, *Systemdynamiken*, *Skalierungseffekte* zu verstehen, ist nicht einfach. Spätestens wenn Zahlen ins Spiel kommen, ist „die Öffentlichkeit" überfordert. Mittlerweile befassen sich fast nur noch Fachleute mit solchen Hintergründen. Doch geändert hat sich nichts: Ein Modell ist nur ein Abbild der Welt, nicht die Welt selbst. Es kann fehlerhaft sein, es muss weiterentwickelt werden. Wer ein 1:1-Modell der Welt will, muss die Welt selbst betrachten. Alle Abbilder sind Vereinfachungen. Ein Modell der Welt kann immer nur eine Einladung zum Weiterdenken und Weiterarbeiten sein. Und das macht im Ernstfall Arbeit, ist aber selten langweilig.